“工学结合、校企合作”课程改革成果系列教材

机电一体化概论

主　编　邵泽强
副主编　莫微君　钱志芳
参　编　胡海清　任　玮　祁晓蕾
主　审　胡立平

机 械 工 业 出 版 社

本书主要内容包括机电一体化概述、机电一体化的相关技术及机电一体化系统（产品）三个部分。其中机电一体化概述主要涵盖机电一体化的产生和发展、机电一体化的含义、机电一体化的构成要素等内容；机电一体化的相关技术包括机械技术、传感检测技术、计算机控制技术、伺服技术、接口技术、执行装置概述、气动与液压技术、可靠性技术、抗干扰技术等；机电一体化系统包括工业机器人及其应用、数控机床、家用电器、自动生产线等（其中柔性制造系统、计算机集成制造系统为选学内容）。每章后附有小结及自测试卷，便于自学。本书选材新颖，紧密结合生产实际，充分展现了机电一体化方面的新技术、新器件，便于读者了解机电一体化技术的新发展。

本书可作为职业教育机电一体化、机电技术应用和数控技术等专业教材，也可作为相关行业岗位培训教材及有关人员自学用书。

图书在版编目（CIP）数据

机电一体化概论/邵泽强主编．—北京：机械工业出版社，2010.6（2016.7重印）
“工学结合、校企合作”课程改革成果系列教材
ISBN 978-7-111-31008-2

Ⅰ.①机… Ⅱ.①邵… Ⅲ.①机电一体化-高等学校：技术学校-教材 Ⅳ.①TH-39

中国版本图书馆CIP数据核字（2010）第112125号

机械工业出版社（北京市百万庄大街22号　邮政编码100037）
策划编辑：高　倩　责任编辑：范政文
版式设计：张世琴　责任校对：李　婷
封面设计：路恩中　责任印制：乔　宇
三河市国英印务有限公司印刷
2016年7月第1版第7次印刷
184mm×260mm·8.75印张·203千字
15001—17000册
标准书号：ISBN 978-7-111-31008-2
定价：19.00元

凡购本书，如有缺页、倒页、脱页，由本社发行部调换

电话服务
服务咨询热线：010-88379833
读者购书热线：010-88379649

网络服务
机 工 官 网：www.cmpbook.com
机 工 官 博：weibo.com/cmp1952
教育服务网：www.cmpedu.com
金 书 网：www.golden-book.com

前 言

本书立足于中等职业学校人才培养目标，充分考虑中职学生的特点，遵循内容实用、学以致用、突出能力培养的原则，对教学内容进行了精选。全书概念叙述清楚，深入浅出，通俗易懂。

其特点主要有以下几个方面：

1. 在编写上以培养学生的能力为主线，强调内容的应用性和实用性，体现“以能力为本位”的编写指导思想，突出实用性、应用性。

2. 突出基本概念、基本原理的应用。

3. 各章节后面均附有一定数量的思考题，便于老师教学和学生自学。

4. 在内容安排上，注重吸收新技术、新产品、新内容。

学时分配建议

序号	课程内容	学时数			
		合 计	讲 授	实 践	复习与评价
1	机电一体化的产生和发展	1	1		
2	机电一体化的含义	0.5	0.5		
3	机电一体化系统的构成要素	1.5	1.5		
4	小结、测试题	1			1
5	机械技术	2	2		
6	传感检测技术	2	2		
7	计算机控制技术	2	2		
8	伺服技术	2	2		
9	接口技术	2	2		
10	执行装置概述	2	2		
11	气动与液压技术	4	4		
12	可靠性技术	2	2		
13	抗干扰技术	2	2		
14	小结、测试题	1			1
15	实践	1		1	
16	工业机器人及其应用	2	2		
17	数控机床	2	2		
18	家用电器（全自动洗衣机）	1	1		
19	自动生产线	2	2		
20	*柔性制造系统	2	2		
21	*计算机集成制造系统	2	2		
22	小结、测试题	1			1
23	实践	2		2	
24	机动	2			2
25	考试	2			2
合 计		40（4）	30（4）	3	7

注：*为选学内容。

本书由江苏省无锡机电高等职业技术学校邵泽强任主编，莫微君、钱志芳任副主编。参加编写的还有胡海清、任玮、祁晓蕾。

本书由连云港工贸高等职业技术学校胡立平副教授审稿，他对书稿提出了许多宝贵的修改意见和建议，提高了书稿质量，在此表示衷心的感谢！

本书作为课程改革成果系列教材之一，在推广使用中，希望能得到教学适用性反馈意见，以便不断改进与完善。由于编者水平有限，书中错漏之处在所难免，敬请读者批评指正。

编　者

目　录

第1章

机电一体化概述

1.1　机电一体化的产生和发展

教学目标：

1. 了解机电一体化的产生。
2. 了解机电一体化的发展历程。
3. 了解机电一体化的发展趋势。

人类已进入一个新的世纪——21世纪，传统的学科正在脱胎换骨，新的学科不断问世，技术的融合程度比任何一次技术革命都高。机电一体化技术产生于这一背景下，自然符合科技的发展规律，也是机械学科发展的必然结果。它使古老的机械工业焕发青春，也对社会的发展产生着极为深刻的影响。

1.1.1　机电一体化的产生

20世纪60年代，美国的科技人员就发明了世界上第一台机器人，接着他们又发明了数控机床和用于小型汽车的电子燃油喷射装置等自动化产品和设备。这些自动化产品或设备都是典型的机电一体化的产品或设备，但是美国的工程技术人员始终没有为自己发明的新技术取个名字。

擅长引进、吸收和消化国外先进技术的日本工程技术人员，在推广机电一体化先进技术的同时还大力宣传机电一体化的技术，并在机电一体化方面进行了许多专题研究。因此，日本机电一体化产品很快就接近了世界一流水平。此外，20世纪70年代初，日本人率先将英语词汇Mechanics（机械学）的前半部和Electronics（电子学）的后半部拼在一起，构成了Mechatronics。这个由日本人创造的日式英语词，现已被正式采用。

在中国，Mechatronics被译成机电一体化，这个术语比较恰当地描述了这一新技术的含义，因而很快被广大工程技术人员所接受。由于科学技术在不断地发展，机电一体化产品或设备的内容也在不断地更新，并不断地采用先进的技术，因此在理解机电一体化的含义时，可以将“机电”一词模糊为“先进技术”。这样，机电技术应用就意味着先进技术的应用。

1.1.2 机电一体化的发展

机电一体化的产生和迅速发展的根本原因在于社会的发展和科学技术的进步。系统工程、控制论和信息论是机电一体化的理论基础，也是机电一体化技术的方法论。目前，机电一体化技术已广泛应用于机械、建筑、农业、医疗等行业，并正向具有自适应性的智能化发展。

以自动电梯为例，自动电梯可以根据不同的时间、不同客流量、不同流向或不同的预约乘梯时间等，合理安排调动电梯的走向，以达到减少乘客等待时间和乘梯的时间，减少拥挤，做到负荷均衡化，降低能耗。某大厦统计显示，使用自动电梯后，11 人以上同时乘梯次数由 7 次减到 3 次，平均乘梯时间减少了 20%。自动电梯还能将每天运行数据储存起来，作为下次进行处理的参考资料。

目前，有自适应性的智能系统已进入采用模糊理论和模糊计算机的研制阶段。系统中配有模糊传感器和其他各种传感器，可以根据菜单的要求自动地完成一系列操作。如已问世的模糊烤炉，它有模糊计算机、温度、质量、高度、气体、计数、风量、形状传感器组成的自动控制系统，具有自动调整（烤炉、烤架、加热、解冻）、模糊调整（食品原料的混合、粉碎、搅拌）、切菜（细切、小鱼碎刺等）功率和加热速度调整等功能，根据菜单的要求即可加工出美味的食品。

机电一体化的发展有一个从自发向自为方向发展的过程。以汽车工业为例，20 世纪 60 年代开始研究在汽车产品中应用电子技术，20 世纪 70 年代前后实现了充电机电压调整器、点火装置的集成电路化和电子控制的燃料喷射，20 世纪 70 年代后期，由于计算机的发展，汽车产品的机电一体化进入实用阶段。从汽车发动机系统看，安装在汽车上的微型计算机，可通过各个传感器检测出曲轴位置、气缸负压、冷却水温度和发动机转速、吸入空气量、排气中的氧浓度等参量，然后计算出最佳控制信号，控制执行机构调整发动机燃油与空气的混合比例、点火时间等，使发动机获得最佳技术经济性能。电子控制是汽车工业产品技术改造的重要领域，电子技术和产品将会越来越广泛地应用到汽车发动机、悬架、转向、制动等各个部位，新型机电一体化的现代汽车在高速、安全可靠、操作方便舒适、低油耗和少污染以及易于维修等方面，将大幅度提高其性能，这被称为是汽车的一次革命性飞跃。

汽车工业的变革，一方面，是汽车产品的机电一体化革命；另一方面，汽车的制造技术和装备也发生了巨大的变化，现代汽车生产大量使用数控机床、工业机器人、计算机控制系统等先进手段，以提高生产的自动化装备水平，使生产的产品真正与消费者所期望的优质、廉价、个性化等要求相一致。

以工业机器人的使用为例，1961 年，美国研制出第一台机器人。自日本人最先把它应用到汽车生产上以来，机器人在汽车生产线上，从加工、焊接、喷漆、工序间的搬运、部件装配和整车组装，以至仓储管理等，可谓无处不在。机器人的使用大大提高了生产效率和产品质量，同时也节约了劳动力，降低了成本。早在 1980 年，日本拥有的机器人就有 10 万台。1989 年，日本汽车工业界拥有的机器人已达到 27.5 万台。20 世纪 80 年代以来，世界各国的汽车制造业正处于从传统的“大批量、少品种”的生产方式，向着“多品种、中小批量”的生产方式转变，以适应现代社会对产品品种规格越来越多样化的要求。为满足市场的需要，制造厂家必须不断增加产品的品种、提高产品的质量和降低制造成本。为此，在汽车工业中开始使用柔性制造系统（Flexible Manufacturing System，FMS），并和 CAD/CAPP/CAM 及生产管理经营决策系统进行集成，把管理信息和制造活动借助计算机技术和网络技术有机联系起来，向计算机集成制造系统（Computer Integrated Manufacturing System，CIMS）发展，实现“精益生产方式”，以谋求实现整个企业生产管理的现代化。总之，机电一体化的制造系统已经在现代制造业中占据极为重要的地位。

机电一体化的发展大体可以分为三个阶段。20 世纪 60 年代以前为第一阶段，这一阶段称为初级阶段。在这一时期，人们自觉地利用电子技术的初步成果来完善机械产品的性能。特别是在第二次世界大战期间，战争刺激了机械产品与电子技术的结合，这些机电结合的军用技术，战后转为民用，对战后经济的恢复起到了积极的作用。那时的研制和开发从总体看还处于自发状态。由于当时电子技术的发展尚未达到一定水平，机械技术与电子技术的结合还不可能广泛和深入发展，已经开发的产品也无法大量推广。

20 世纪 70 至 80 年代为第二阶段，可称为蓬勃发展阶段。这一时期，计算机技术、控制技术、通信技术的发展，为机电一体化的发展奠定了技术基础。大规模、超大规模集成电路和微型计算机的迅速发展，为机电一体化的发展提供了充分的物质基础。这个时期的特点，一是“机电一体化”一词首先在日本被普遍接受，大约到 20 世纪 80 年代末期在世界范围内得到比较广泛的承认；二是机电一体化技术和产品得到了极大发展；三是各国均开始对机电一体化技术和产品给予很大关注和支持。

20 世纪 90 年代后期为第三阶段，这一阶段机电一体化技术开始向智能化方向迈进，机电一体化进入深入发展时期。一方面，光学、通信技术等进入了机电一体化，微细加工技术也在机电一体化中崭露头角，出现了光机电一体化和微机电一体化等新分支；另一方面，是对机电一体化系统的建模设计、分析和集成方法及机电一体化的学科体系和发展趋势都进行了深入研究。同时，人工智能技术、神经网络技术及光纤技术等领域取得的巨大进步，为机电一体化技术开辟了发展的广阔天地。这些研究，将促使机电一体化进一步建立完整的基础和逐渐形成完整的科学体系。

我国是从 20 世纪 80 年代初才开始在这方面研究和应用。国务院成立了机电一体化领导小组并将该技术列入“863 计划”中。在制定“九五”规划和 2010 年发展纲要时，充分考虑了国际上关于机电一体化的发展动向和由此可能带来的影响。许多高等院校、研究机构及一些大中型企业对这一技术的发展及应用做了大量的工作，也取得了一定成果，但与先进国家相比仍有一定差距。

1.1.3　机电一体化的发展趋势

机电一体化是机械、电子、光学、控制、计算机、信息等多学科的交叉综合，它的发展和进步依赖并促进相关技术的发展和进步。因此，机电一体化的主要发展方向如下。

1. 智能化

智能化是21世纪机电一体化技术的一个重要发展方向。人工智能在机电一体化建设者的研究中日益得到重视，机器人与数控机床的智能化就是其重要应用。这里所说的“智能化”是对机器行为的描述，是在控制理论的基础上，吸收人工智能、运筹学、计算机科学、模糊数学、心理学、生理学和混沌动力学等新思想、新方法，模拟人类智能，使它具有判断推理、逻辑思维、自主决策等能力，以求达到更高的控制目标。

诚然，使机电一体化产品具有与人完全相同的智能是不可能的，也是不必要的。但是，高性能、高速率的微处理器使机电一体化产品赋有低级智能或人的部分智能，则是完全可能而又必要的。

2. 模块化

模块化是一项重要而艰巨的工程。由于机电一体化的产品种类和生产厂家繁多，研制和开发具有标准机械接口、电气接口、动力接口、环境接口的机电一体化产品单元是一项十分复杂但非常重要的事。如研制集减速、智能调速、电动机于一体的动力单元，具有视觉、图像处理、识别和测距等功能的控制单元，以及各种能完成典型操作的机械装置。这样，可利用标准单元迅速开发出新产品，同时也可以扩大生产规模。

这需要制定各项标准，以便各部件、单元的匹配和接口。由于利益冲突，近期很难制定国际或国内这方面的标准，但可以通过组建一些大企业逐渐形成。显然，从电气产品的标准化、系列化带来的好处可以肯定，无论是对生产标准机电一体化单元的企业还是对生产机电一体化产品的企业，规模化将带来美好的前程。

3. 网络化

20世纪90年代，计算机技术的突出成就是网络技术。网络技术的兴起和飞速发展给科学技术、工业生产、政治、军事、教育以及人们日常生活都带来了巨大的变革。各种网络将全球经济、生产连成一片，企业间的竞争也将全球化。机电一体化新产品一旦研制出来，只要其功能独到，质量可靠，很快就会畅销全球。由于网络的普及，基于网络的各种远程控制和监视技术方兴未艾，而远程控制的终端设备本身就是机电一体化产品。现场总线和局域网技术使家用电器网络化已成大势，利用家庭网络（Home Net）将各种家用电器连接成以计算机为中心的计算机集成家电系统（Computer Integrated Appliance System, CIAS），使人们在家里分享各种高技术带来的便利与快乐。因此，机电一体化产品无疑朝着网络化方向发展。

4. 微型化

微型化兴起于20世纪80年代末，指的是机电一体化向微型机器和微观领域发展的趋势。国外称其为微电子机械系统（MEMS），泛指几何尺寸不超过1cm^3的机电一体化产品，并向微米、纳米级发展。微机电一体化产品体积小、耗能少、运动灵活，在生物医疗、军事、信息等方面具有不可比拟的优势。微机电一体化发展的瓶颈在于微机械技术。微机电一体化产品的加工采用精细加工技术，即超精密技术，它包括光刻技术和蚀刻技术两类。

5. 绿色化

工业的发达给人们生活带来了巨大变化。一方面，物质丰富，生活舒适；另一方面，资源减少，生态环境受到严重污染。于是，人们呼吁保护环境资源，回归自然。绿色产品概念在这种呼声下应运而生，绿色化是时代的趋势。绿色产品在其设计、制造、使用和销毁的生命过程中，符合特定的环境保护和人类健康的要求，对生态环境无害或危害极少，资源利用率极高。设计绿色的机电一体化产品，具有远大的发展前途。机电一体化产品的绿色化主要是指，使用时不污染生态环境，报废后能回收利用。

6. 系统化

系统化的表现特征之一就是系统体系结构进一步采用开放式和模式化的总线结构。系统可以灵活组态，进行任意剪裁和组合，同时寻求实现多子系统协调控制和综合管理。表现之二是通信功能的大大加强，一般除 RS232 外，还有 RS485、DCS 人格化。未来的机电一体化更加注重产品与人的关系。机电一体化的人格化有两层含义：一层是，机电一体化产品的最终使用对象是人，如何赋予机电一体化产品以人的智能、情感、人性显得越来越重要，特别是对家用机器人，其高层境界就是人机一体化。另一层是模仿生物机理，研制各种机电一体化产品。事实上，许多机电一体化产品都是受动物的启发研制出来的。

现在，机电一体化产品和系统已经渗透到国民经济、社会生活的各个领域，诸如家用电器、办公自动化设备、机械制造工艺设备、汽车、石油化工设备、冶金设备、现代化武器、航天器等机电一体化几乎达到“无孔不入”的地步。并且它还迅猛地向前推进，特别是制造工业对机电一体化技术提出了许多新的更高的要求。机械制造自动化中的数控技术如 CNC、FMS、CIMS 及机器人等都被一致认为是典型的机电一体化的技术产品及系统，因此从这些典型的机电一体化产品可以了解到机电一体化的发展前景和趋势。如当今数控机床正不断吸收最新技术成就，朝着高可靠性、高柔性化、高精度化、高速化、多功能复合化、制造系统自动化及采用 CAD 设计技术和宜人化方向发展。归纳起来，机电一体化的发展趋势应为：在性能上向高精度、高效率、高性能、智能化方向发展；在功能上向小型化、轻型化、多功能方向发展；在层次上向系统化、复合集成化的方向发展。机电一体化的优势，在于它吸收了各相关学科之长，且综合利用各学科并加以整体优化。因此在机电一体化技术的研究与生产应用过程中，要特别强调技术融合、学科交叉的作用。机电一体化依赖于相关技术的发展，机电一体化的发展也促进了相关技术的发展。机电一体化必将以崭新的姿态在 21 世纪中继续发展。

思考题

1. 机电一体化的发展分哪几个阶段？
2. 机电一体化的发展趋势如何？

1.2　机电一体化的含义

教学目标：

1. 了解机电一体化的含义。

2. 了解机电一体化的内涵。
3. 了解机电一体化所涉及的相关技术。

1.2.1 机电一体化的基本含义

机电一体化是在以微型计算机为代表的微电子技术和信息技术迅速发展，并向机械工业领域迅猛渗透，与机械电子技术深度结合的现代工业基础上，综合应用机械技术、微电子技术、信息技术、自动控制技术、传感测试技术、电力电子技术、接口技术及软件编程技术等群体技术，从系统观点出发，根据系统功能目标和优化组织结构目标，以智能、动力、结构、运动和感知等组成要素为基础，对各组成要素及其间的信息处理、接口耦合、运动传递、物质运动、能量变换机理进行研究，使得整个系统有机结合与综合集成，并在系统程序和微电子电路的信息流有序控制下，形成物质和能量的有规则运动，在高功能、高质量、高精度、高可靠性、低消耗意义上实现多种技术功能复合的最佳功能价值系统工程技术。

机电一体化一词（Mechatronics）最早（1971 年）起源于日本，它取英语 Mechanics（机械学）的前半部和 Electronics（电子学）的后半部拼合而成，字面上表示机械学和电子学两个学科的综合，在我国通常称为机电一体化或机械电子学。对于机电一体化系统的含义，至今还有不同的认识。1981 年，日本的解释为“机电一体化乃是在机械的主功能、动力功能、消息功能上引进微电子技术，并且将机械装置与电子装置用相关软件有机结合而构成的系统。”美国机械工程师协会的解释是“机电一体化是由计算机信息网络协调与控制的，用于完成包括机械力、运动和能量流等多动力学任务的机械和机电部件相互联系的系统。”从这两种解释来看，机电一体化最本质的特性仍然是一个机械系统，其最主要功能仍然是进行机械能和其他形式的能量互换，利用机械能实现物料搬移或形态变化以及实现信息传递和变换。机电一体化系统与传统机械系统的不同之处是充分利用计算机技术、传感技术和可控驱动元件特性，实现机械系统的现代化、智能化、自动化。

因此，目前机电一体化技术能为人们普遍接受的含义是“机电一体化乃是在机械的主功能、动力功能、信息功能和控制功能上引进微电子技术，并将机械装置与电子设备以及相关软件有机结合而构成的系统总称”。机电一体化不是机械技术和电子技术的简单叠加，而是将电子设备的信息处理功能和控制功能“糅合”到机械装置中去，从而达到扬长避短、互为补充的目的，使机电一体化产品更具有系统性、完整性和科学性。

目前世界上普遍认为机电一体化有两大分支，即生产过程的机电一体化和机电产品的机电一体化。生产过程的机电一体化意味着整个工业体系的机电一体化，如机械制造过程的机电一体化、冶金生产的机电一体化、化工生产的机电一体化、粮食及食品加工过程的机电一体化、纺织工业的机电一体化、排版与印刷的机电一体化等。生产过程的机电一体化根据生产过程的特点（如生产设备和生产工艺是否连续）又可划分为离散制造过程的机电一体化和连续生产过程的机电一体化。前者以机械制造业为代表，后者以化工生产流程为代表。生产过程的机电一体化包含着诸多的自动化生产线、计算机集中管理和计算机控制。生产过程的机电一体化既需要具体专业的专业知识，又需要机械技术、控制理论和计算机技术方面的知识，是内容更为广泛的机电一体化。机电产品的机电一体化是机电一体化的核心，是生产过程机电一体化的物质基础。传统的机电产品加上计算机控制即可转变为新一代的产品。而新产品较旧产品功能强、性能好、精度高、体积小、质量轻、更可靠、更方便，具有明显的经济效益。机电一体化产品小到儿童玩具、家用电器、办公设备，大到数控机床、机器人、自动生产线等。

1.2.2 机电一体化的相关技术

机电一体化是多学科领域技术综合交叉的技术密集型系统工程，其主要相关技术可以归纳成六个方面，即机械技术、传感检测技术、信息处理技术、自动控制技术、伺服驱动技术和系统总体技术。

1. 机械技术

与一般的同类机械装置相比，机电一体化系统中的机械部分精度要求更高，结构更简单，功能更强大，性能更优越，同时还要有更好的可靠性、维护性和更新颖的结构。零部件要求模块化、标准化、规格化，还有许多新的课题要加以研究和运用，如结构进行优化设计，采用新型复合材料以使机械系统既减轻质量、缩小体积，同时又不降低机械的静、动刚度；采用高精度导轨、精密滚珠丝杠、高精度主轴轴承和高精度齿轮等，以提高关键零部件的精度和可靠性；开发新型复合材料以提高刀具、磨具的质量；通过零部件的模块化和标准化设计，提高其互换性和维护性等。因此，机械技术的出发点在于如何与机电一体化技术相适应，利用其他高新技术来更新概念，实现结构上、材料上、性能上以及功能上的变革。

2. 传感检测技术

传感检测装置是机电一体化系统的感觉器官，它可从待测对象那里获取能反映待测对象特征与状态的信息。它是实现自动控制、自动调节的关键环节，其功能越强，系统的自动化程度就越高。传感检测技术的研究内容包括两方面：一是研究如何将各种被测量（包括物理量、化学量和生物量等）转换为与之成比例的电量；二是研究如何对转换后的电信号进行加工处理，如放大、补偿、标定、变换等。

传感器是检测部分的核心。例如，数控机床在加工过程中，利用力传感器或声发射传感器等，将刀具磨损情况检测出来与给定值进行比较，当刀具磨损引起负荷转矩增大并超过规定的最大允许值时，机械手自动地进行更换，这是安全运行与提高加工质量的有力保障。

3. 信息处理技术

信息技术包括信息的交换、存取、运算、判断和决策。实现信息处理的主要工具是计算机，它相当于人的大脑，指挥整个系统的运行。计算机技术包括计算机软件技术、硬件技术和网络与通信技术等。机电一体化系统中主要采用工业控制机（包括可编程序控制器、单片机、总线式工业控制机等）进行信息处理。计算机应用及信息处理技术已成为机电一体化技术发展和变革的最重要因素。提高信息处理速度，如采用超级微机或超大规模集成技术；提高系统可靠性，如采用自诊断、自恢复和容错技术；加强智能化，如采用人工智能技术和专家系统。这些均为信息处理技术今后发展的方向。

4. 自动控制技术

自动控制技术包括高精度位置控制、速度控制、自适应控制、自诊断、校正、补偿、检索等技术。在机电一体化技术中，自动控制主要是解决如何提高产品的精度、提高加工效率、提高设备的有效利用率，从而实现机电一体化系统在设计之后进行系统仿真、现场调试，最后使研制的系统可靠地投入运行。尤其是计算机技术高速发展，使得自动控制技术与计算机技术的结合越趋密切。因此自动控制技术是机电一体化技术中十分重要的关键技术。

5. 伺服驱动技术

“伺服”（Servo）即“伺候服务”的意思。伺服驱动技术就是在控制指令的指挥下，控制驱动元件，使机械的运动部件按照指令的要求进行运动，并具有良好的动态性能。伺服驱动技术包括电动、气动、液压等各种类型的传动装置，这部分的功能相当于人的手足的功能，这些驱动装置通过接口与计算机相连接，在计算机控制下，带动机械部件做机械回转、直线或其他各种复杂运动。伺服驱动技术是直接执行操作的技术，伺服系统是实现电信号到机械动作的转换装置和部件，对机电一体化系统的动态性能、控制质量和功能具有决定性的作用。常见的伺服驱动系统主要有液压和电气伺服系统。液压伺服系统（如液压马达、脉冲液压缸等）具有工作稳定、响应速度快、输出力矩大等特点，特别是在低速运行时其性能更突出，但需要增加液压泵等动力源，设备复杂、体积大、维修难及污染环境；而电气伺服系统（如步进电动机、直流伺服电动机等）具有控制灵活、费用小、可靠性高等优点，但低速时输出力矩不够大。由于近年来变频技术的进步，交流伺服驱动技术取得突破性进展，为机电一体化系统提供了高质量的伺服驱动单元，极大地促进了机电一体化技术的发展。

6. 系统总体技术

系统总体技术是一种从整体目标出发，用系统的观点和方法，将总体分解成若干功能单元，找出能完成各个功能的技术方案，再将各个功能与技术方案组进行分析、评价、优选的综合应用技术。它通过所用技术的协调一致来保证在给定环境条件下经济、可靠、高效地实现目标，并使其操作和维修更加方便。

总体技术内容涉及许多方面，如接插件、接口转换、软件开发、计算机应用技术、控制系统的成套性和成套设备自动技术等。显然，即使各个部分技术都已掌握，性能、可靠性都很好，如果整个系统不能很好协调，则它仍然不可能可靠地正常进行。由此可见系统总体技术的重要性。

以上概述了机电一体化的相关技术，可以得出这样的结论：机电一体化技术是一种复合技术，它不是机械和电子的简单叠加，它需要很多部门、产业的配合和支持，才能取得满意的结果。我们不仅要对机电一体化的各项相关技术进行全面深入的了解，还要能从系统工程的概念入手，通过系统总体设计来使各个相关技术形成有机的结合，并且要注意研究和解决技术融合过程中所产生的新问题，只有这样才能满足机电一体化高速发展的需要。

思考题

1. 简述机电一体化的含义。
2. 机电一体化的相关技术有哪些?

1.3　机电一体化系统的构成要素

教学目标：

1. 了解机电一体化的构成要素。
2. 了解机电一体化各构成要素的功能。
3. 了解 YL—235 的组成。

1.3.1　机电一体化系统的基本要素

机电一体化系统的形式多种多样，其功能也各不相同，一个较完善的机电一体化系统应包括以下几个基本要素：机械本体、动力部分、检测部分、执行机构、控制器（包括驱动单元、控制与信息处理单元），各要素之间通过接口相联系。这些基本要素的关系及功能如图 1 - 1 所示，这是与人体的五大要素进行对比，从而得到启发的。

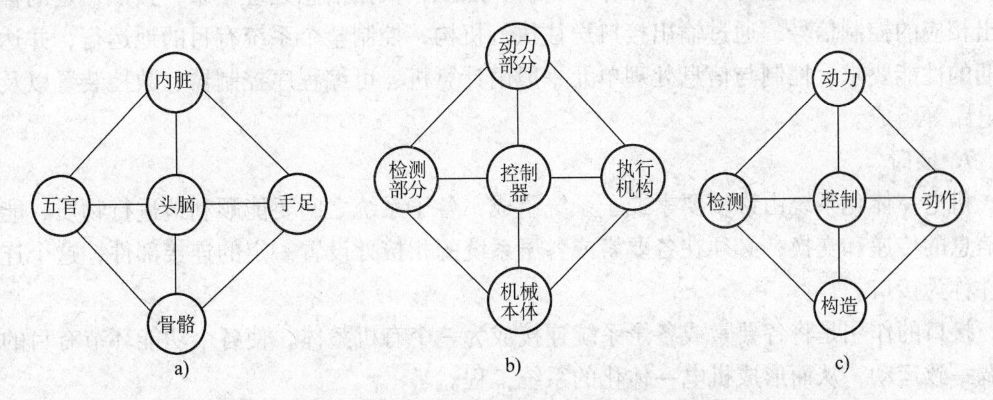

图 1 - 1　机电一体化系统的组成及工作原理

a）人的五大要素　b）机电一体化系统的要素　c）机电一体化系统的功能

1. 机械本体

机械本体包括机械传动装置和机械结构装置，其主要功能是将构成系统的各子系统、零部件按照一定的空间和时间关系安置在一定的位置上，并保持特定的关系。随着机电一体化产品技术性能、水平和功能的提高，机械本体需在机械结构、材料、加工工艺以及几何尺寸等方面都适应产品高效、多功能、可靠、节能、小型、轻便、美观等要求。

2. 动力部分

动力部分的功能是按照机电一体化系统的控制要求，为系统提供能量和动力以保证系统正常运行。机电一体化的显著特征之一是用尽可能小的动力输入获得尽可能大的功能输出。

3. 检测部分

检测部分的功能是对系统运行过程中所需要的本身和外界环境的各种参数及状态进行检测，并转换成可识别信号，传输到控制信息处理单元，经过分析、处理产生相应的控制信息。检测部分通常由专门的传感器和仪器仪表组成。

4. 执行机构

执行机构的功能是根据控制信息和指令完成所要求的动作。执行机构是运动部件，一般采用机械、电磁、电液等方式将输入的各种形式的能量转换为机械能。根据机电一体化系统的匹配性要求，需要考虑改善执行机构的工作性能，如提高刚性，减轻质量，实现组件化、标准化和系列化，以提高系统整体工作可靠性等。

5. 驱动单元

驱动单元的功能是在控制信息作用下，驱动各种执行机构完成各自动作和功能。机电一体化技术一方面要求驱动单元具有高频率和快速响应等特性，同时又要求其对水、油、温度、尘埃等外部环境具有适应性和可靠性；另一方面由于受几何上动作范围狭窄等限制，还需考虑维修方便，并且尽可能实现标准化。随着电力电子技术的高度发展，高性能步进电动机、直流和交流伺服电动机将大量应用于机电一体化系统。

6. 控制与信息处理单元

控制与信息处理单元是机电一体化系统的核心单元，其功能是将来自各传感器的检测信息和外部输入命令进行集中、储存、分析、加工，根据信息处理结果，按照一定的程序发出相应的控制信号，通过输出接口送往执行机构，控制整个系统有目的地运行，并达到预期的性能要求。控制与信息处理单元一般由计算机、可编程序控制器、数控装置以及逻辑电路等组成。

7. 接口

机电一体化系统由许多要素或子系统组成，各子系统之间要能顺利地进行物质、能量和信息的传递和交换，必须在各要素或各子系统的相接处设置一定的连接部件，这个连接部件称为接口。

接口的作用是将各要素或各子系统连接成为一个有机整体，使各个功能环节有目的地协调一致运动，从而形成机电一体化的系统工程。

接口的基本功能主要有三个：一是变换。在需要进行信息交换和传输的环节之间，由于信号的模式不同（如数字量与模拟量、串行码与并行码、连续脉冲与序列脉冲等），无法直接实现信息或能量的交流，必须通过接口完成信号或能量的转换和统一。二是放大。在两个信号强度相差悬殊的环节间，经接口放大，达到能量匹配。三是传递。变换和放大后的信号要在环节间能可靠、快速、准确地交换，必须遵循协调一致的时序、信号格式和逻辑规范。接口具有保证信息传递的逻辑控制功能，使信息按规定模式进行传递。

1.3.2 典型机电一体化系统

图1-2所示的浙江亚龙科技集团生产的YL—235A型光机电一体化实训装置，包含了机电一体化专业所涉及的诸如电动机驱动、机械传动、气动、触摸屏控制、可编程序控制器、传感器、变频调速等多项基础知识和专业知识，模拟了当前先进技术在企业中的实际

应用。它为学生提供了一个典型的、可进行综合训练的工程环境，为学生构建了一个可充分发挥学生潜能和创造力的实践平台。

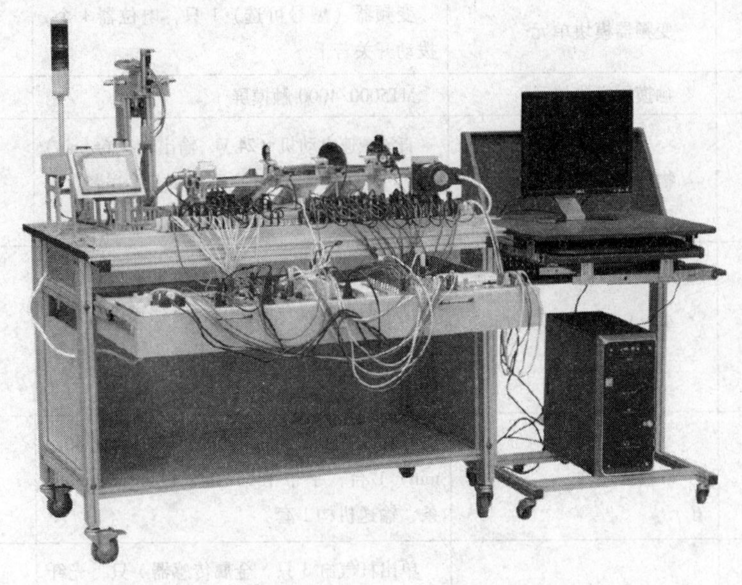

图 1-2　YL—235A 光机电一体化培训装置实物

YL—235A 型光机电一体化实训装置由铝合金导轨式实训台、典型的机电一体化设备的机械部件、PLC 模块单元、触摸屏模块单元、变频器模块单元、按钮模块单元、电源模块单元、模拟生产设备实训模块、接线端子排和各种传感器等组成。该装置各单元均采用标准结构和抽屉式模块放置架，还可以根据需要，配置不同品牌的可编程序控制器（PLC）模块单元和变频器模块单元以及触摸屏模块单元等，因此具有较强的互换性。其具体配置部件见表 1-1。

表 1-1　YL—235A 型光机电一体化实训装置的具体配置部件

序号	名　称	型号及规格	数量
1	实训台	1190mm × 800mm × 840mm	1 张
2	电源模块单元	三相电源总开关（带漏电和短路保护）1 个，熔断器 3 只，单相电源插座 2 个，安全插座 5 个	1 个
3	按钮模块单元	24V/6A、12V/2A 插孔各 1 组，急停按钮 1 只，转换开关 2 只，蜂鸣器 1 只，复位按钮黄、绿、红各 1 只，自锁按钮黄、绿、红各 1 只，24V 指示灯黄、绿、红各 2 只	1 个
4	PLC 模块单元	可编程序控制器 1 只（型号可选），电源开关 1 个，220V 插座 1 个	1 个

（续）

序号	名　称	型号及规格	数量
5	变频器模块单元	变频器（型号可选）1只，电位器1个，拨动开关若干	1个
6	触摸屏模块单元	MT5000/4000触摸屏	1块
7	物料传送部件	直流减速电动机（24 V，输出转速6r/min）1台，送料盘1个，光电开关1只，送料盘支架1组	1套
8	气动机械手部件	双出杆气缸1只，单出杆气缸1只，气动手爪1只，摆动气缸1只，电感式接近开关2只，磁性开关5只，缓冲器2只，双电控换向阀4只	1套
9	带输送部件	三相减速电动机（380 V，输出转速40r/min）1台，平带1355mm×49mm×2mm 1条，输送机构1套	1套
10	物件分拣部件	单出杆气缸3只，金属传感器1只，光纤传感器2只，光电传感器1只，磁性开关6只，物件滑槽3个，单电控换向阀3只	1套

1. 物料传送机构

物料传送机构用于将物料从储料盘中送到机械手下方，便于机械手的搬运。该机构主要由放料转盘、可调节支架、直流电动机、出料口传感器、物料检测支架构成，如图1-3所示。

图1-3　物料传送机构实物图

1—转盘　2—可调节支架　3—直流电动机

4—物料　5—出料口传感器　6—物料检测支架

放料转盘用于存放设备所提供的金属、白色塑料和黑色塑料三种物料；驱动电动机则采用24 V直流减速电动机，额定转速为6 r/min，用于驱动放料转盘的旋转；物料检测支架可以将物料有效定位，并确保其平台上每次只有一个物料；出料口传感器为漫反射型光电传感器，用于检测物料检测支架的平台有无从转盘中送来的物料。

2. 气动机械手

气动机械手用于将在物料支架平台上的物料搬运到带式输送机上，主要由摆动气缸、气动手爪、提升气缸、伸缩气缸、缓冲器、限位器、节流阀、磁性开关、左右限位传感器和安装支架等构成，如图1-4所示。

摆动气缸在双电控电磁阀控制下可以实现机械手的左右摆动，其左右两侧各装有一个限位器、一个具有减速缓冲作用的缓冲器和一个检测气缸是否摆动到位的电感式接近传感器；机械手的伸缩则通过一个双出杆气缸来实现，其缸体侧面的前端和后端各装有一个磁性开关，用于检测伸缩动作是否完成；提升气缸用于实现手爪的上升和下降动作，其缸体上端和下端各固定了一个磁性开关，用于检测手爪升降动作是否完成；气动手爪用于物料的抓取，手爪的夹紧也是通过一个磁性开关来检测的；单向节流阀用于调节机械手各个动作的速度。

图1-4　气动机械手实物图

1—摆动气缸　2—限位器　3—气动手爪　4—手爪闭合检测磁性开关　5—提升气缸　6—提升检测磁性开关　7—单向节流阀　8—伸缩气缸　9—伸缩检测磁性开关　10—左右限位传感器　11—缓冲器　12—安装支架

整个气动机械手利用摆动气缸、伸缩气缸、提升气缸和气动手爪可以实现四个自由度的动作：手臂伸缩、手臂摆动、手爪升降、手爪松紧。

3. 带式输送与物料分拣机构

带式输送与物料分拣机构用于对气动机械手搬运来的物料进行材质分拣并通过带式输送机传送至指定滑槽前，再由推料气缸推入滑槽。带式输送与物料分拣机构主要由落料口、物料检测光电传感器、带式输送机、推料气缸、单向节流阀、磁性开关、光纤传感器、电感传感器、滑槽、三相异步电动机等构成，如图1-5所示。

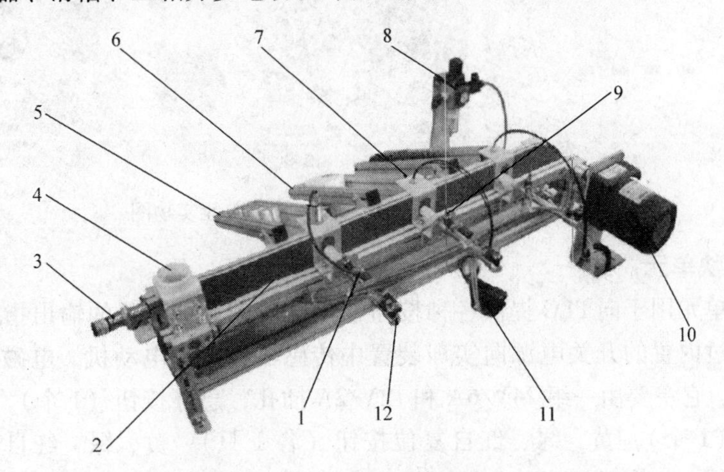

图1-5　带式输送与物料分拣机构实物图

1—磁性开关　2—带式输送机　3—物料检测光电传感器　4—落料口　5—滑槽　6—电感传感器　7、11—光纤传感器　8—调压阀与过滤器　9—单向节流阀　10—三相异步电动机　12—推料气缸

落料口用于机械手搬动来的物料落料位置定位；物料检测传感器是一个漫反射型光电传感器，用于检测是否有物料从落料口放置到传送带上；带式输送机可以在三相异步电动机驱动下正、反向运行，实现物料的输送；安装在传送带上方的光纤传感器、电感传感器用来检测物料的材质和颜色，根据需要可以将其中的一个光纤传感器改为电容传感器；三个推料气缸在三个电控换向阀的控制下可以将不同材质或颜色的物料推入指定滑槽，其推出速度和缩回速度均可以通过安装在气缸进、出气口的单向节流阀进行调节；安装在推料气缸前端和后端的磁性开关用于检测推料气缸的伸缩动作是否完成；三相异步电动机通过一个联轴器驱动带式输送机运行。

4. 电源模块单元

电源模块单元用于整个实训装置的供电和漏电、短路保护，主要由一个三相电源总开关（带漏电和短路保护）、三个熔断器和两个单相电源插座构成。单向电源插座用于向按钮模块单元和 PLC 模块单元供电，电源模块上的五个安全插座可以向变频器模块单元供电，如图 1-6 所示。

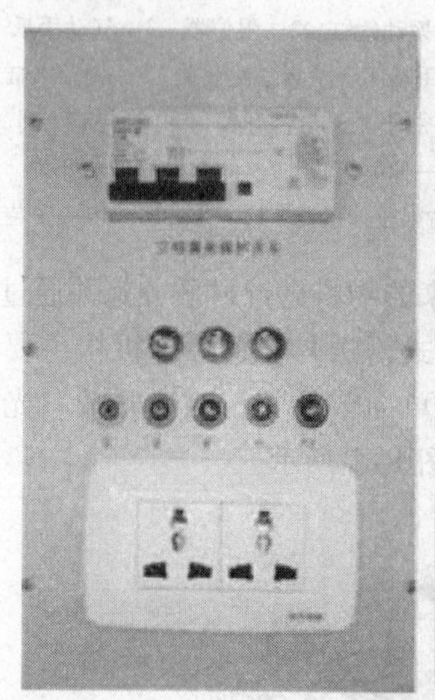

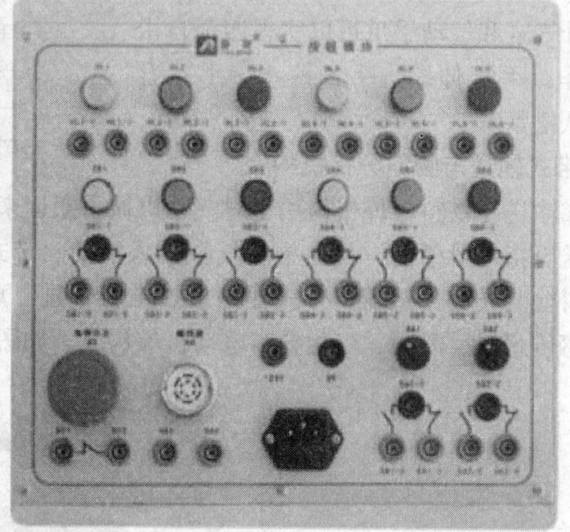

图 1-6　电源模块单元和按钮模块单元实物图

5. 按钮模块单元

按钮模块单元用于向 PLC 提供各种按钮输入信号、多种颜色的输出指示灯和蜂鸣报警信号，并通过内置的开关电源向实训装置中传感器、直流电动机、电磁阀、PLC 提供 24V 直流电源。它主要由一组 24V/6A 和 12V/2A 插孔，急停按钮（1 个），转换开关（2 个），蜂鸣器（1 个），黄、绿、红自复位按钮（各 1 只），黄、绿、红自锁按钮（各 1 只）以及黄、绿、红指示灯（各 2 只）构成，如图 1-6 所示。

6. PLC 模块单元

PLC 模块单元为实训装置控制核心，所有按钮信号、传感器信号均要通过其面板上的输入信号插线孔送给 PLC；PLC 发出的所有控制信号均通过输出信号插线孔送给直流电动机、电磁阀、变频器或指示元件。PLC 模块单元所有接口采用安全插连接。它由一个可编程序控制器（型号可选）、电源开关、220 V 插座构成，如图 1-7 所示。

7. 变频器模块单元

变频器模块单元用于接受 PLC 的控制信号，驱动带式输送机按要求完成物料输送动作，也可以根据要求产生输出信号用于指示。该单元由一个变频器（型号可选）、可调电位器和拨动开关构成，如图 1-7 所示。

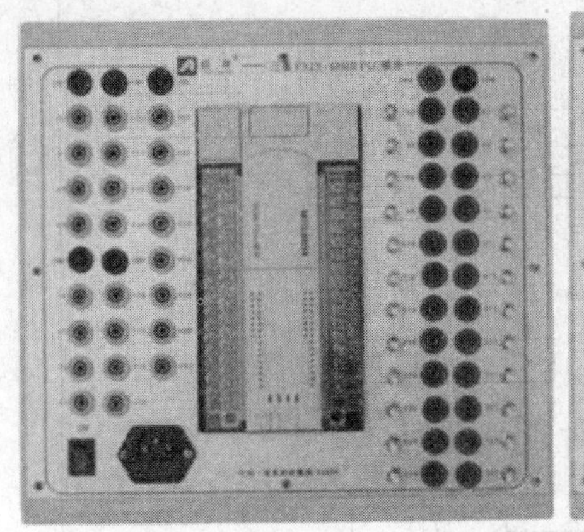
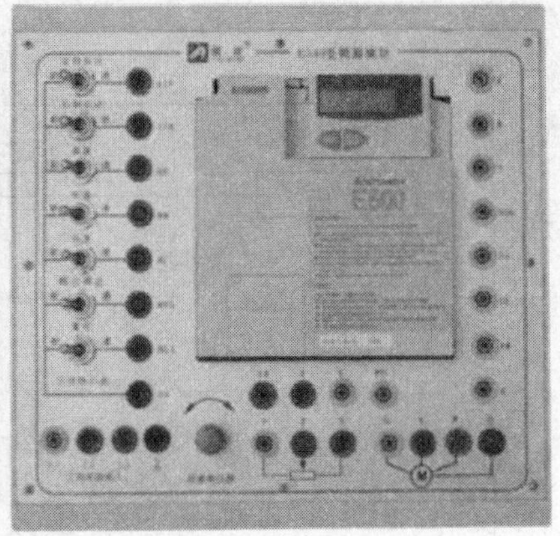

图 1-7 PLC 模块单元和变频器模块单元实物图

1.3.3 YL—235A 光机电一体化实训装置工作过程

由物料传送机构、气动机械手、带式输送机和物料分拣机构构成的 YL—235A 光机电一体实训装置的工作过程如图 1-8 所示。

按下启动按钮（在触摸屏上或按钮单元模块上）后，实训装置在 PLC 控制下起动物料传送机构中的直流电动机开始送料。电动机驱动放料盘旋转，物料由送料盘在拨料杆的作用下送至物料检测位置。当物料检测光电传感器检测到有从转盘中送来的物料时，直流电动机停止工作，气动机械手开始搬运工作；如果在指定时间内物料检测光电传感器没有检测到物料，则说明送料机构已无物料或发生故障，系统在 PLC 控制下停机报警。

当物料检测光电传感器检测到物料时，机械手手臂伸出，手爪下降抓物，然后手爪提升臂缩回，并向右旋转到右限位。到达右限位后，手臂再次伸出，手爪下降将物料放入带式输送机的落料口后上升缩回并返回左限位。

带式输送机落料口的物料检测光电传感器检测到机械手搬运来的物料后，变频器在 PLC 控制下起动电动机工作使传送带输送物料；电感传感器和光纤传感器在物料通过其下方时对物料的材质和颜色进行检测，区分出金属、白色塑料和黑色塑料物料，然后发出信号通过 PLC 控制相应电磁换向阀工作，使推料气缸动作，将不同材质的物料推入指定滑槽。

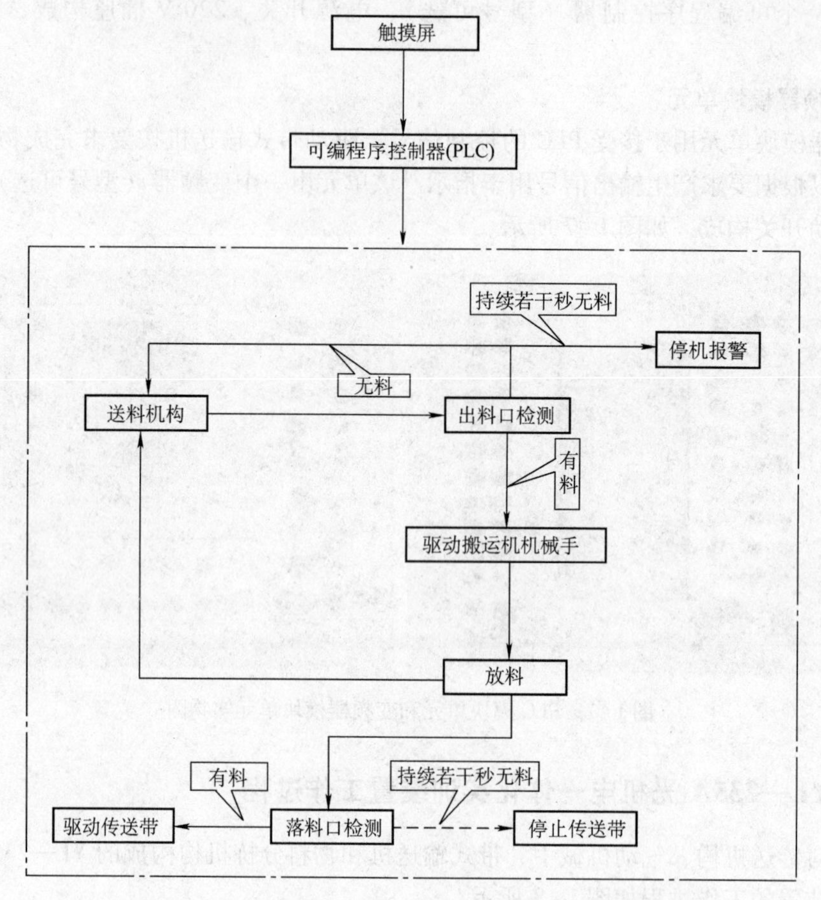

图 1-8 YL—235A 光机电一体化实训装置工作过程示意图

思考题

1. 机电一体化系统的基本要素有哪些？
2. 简述 YL—235A 光机电一体化实训装置的工作过程。

本章小结

1.1 机电一体化的产生和发展

1）机电一体化的发展大体分三个阶段：20 世纪 60 年代以前为第一阶段，这一阶段称为初级阶段。20 世纪 70 至 80 年代为第二阶段，这一阶段可称为蓬勃发展阶段。20 世纪 90 年代后期为第三阶段，这一阶段是机电一体化技术开始向智能化方向迈进，机电一体化进入深入发展时期。

2）机电一体化的发展方向为：智能化、模块化、网络化、微型化、绿色化和系统化。

1.2 机电一体化的含义

1）机电一体化的含义是“机电一体化乃是在机械的主功能、动力功能、信息功能和控制功能上引进微电子技术并将机械装置与电子设备以及相关软件有机结合而构成的系统总称”。机电一体化不是机械技术和电子技术的简单叠加，而是将电子设备的信息处理功能和控制功能“糅合”到机械装置中去，从而达到扬长避短、互为补充的目的，使机电一体化产品更具有系统性、完整性和科学性。

2）机电一体化有两大分支，它们是生产过程的机电一体化和机电产品的机电一体化。

3）机电一体化的相关技术有机械技术、传感检测技术、信息处理技术、自动控制技术、伺服驱动技术和系统总体技术。

1.3　机电一体化系统的构成要素

机电一体化系统应包括以下几个基本要素：机械本体、动力部分、检测部分、执行机构、控制器（包括驱动单元、控制及信息处理单元），各要素之间通过接口相联系。

自测试卷

一、填空题（26%）

1. 机电一体化的发展趋势为＿＿＿＿＿、＿＿＿＿＿、＿＿＿＿＿、＿＿＿＿＿、＿＿＿＿＿、＿＿＿＿＿。

2. 机电一体化一词最早于＿＿＿＿年出现在＿＿＿＿＿（国家）。它是取＿＿＿＿＿学的前半部和＿＿＿＿＿学的后半部拼合而成，但是，机电一体化并非＿＿＿＿＿技术和＿＿＿＿＿技术的简单叠加，而是有着自身体系的＿＿＿＿＿学科。

3. 一个较完善的机电一体化体统应包括＿＿＿＿＿、＿＿＿＿＿、＿＿＿＿＿、＿＿＿＿＿、＿＿＿＿＿、＿＿＿＿＿、＿＿＿＿＿等七大基本要素。

4. 机电一体化的相关技术有＿＿＿＿＿、＿＿＿＿＿、＿＿＿＿＿、＿＿＿＿＿、＿＿＿＿＿和＿＿＿＿＿六个方面。

二、名词解释（14%）

机电一体化。

三、分析题（25%）

用图表表示机电一体化系统，并分析各组成部分的功能。

四、综合题（35%）

列举生活中一到两个机电一体化产品的实例，简单分析它们的工作情况以及性能。

第2章

机电一体化的相关技术

2.1 机械技术

教学目标：

1. 理解机电一体化系统中的机械系统组成及其基本要求。
2. 以机器人的机构为例，了解机电一体化系统机械部件的选用。

机械技术是机电一体化的基础。机电一体化的机械产品与传统机械产品之间的区别在于：机械结构更简单、机械功能更强和性能更优越。

2.1.1 机电一体化系统中的机械系统及其基本要求

1. 机电一体化系统中的机械系统

机电一体化系统的机械系统是由控制器协调与控制、用于完成一系列机械运动的机械和（或）机电部件相互联系的系统。概括地讲，机电一体化系统中的机械系统主要包括以下五大部分：

1）传动机构。机电一体化机械系统中的传动机构主要功能是传递能量和运动，因此，它实际上是一种力、速度变换器。机械传动机构对伺服系统的伺服特性有很大影响，特别是其传动类型、传动方式、传动刚性以及传动的可靠性对系统的精度、稳定性和快速性有重大影响。

2）导向机构。其作用是支撑和限制运动部件按给定的运动要求和给定的运动方向运动，为机械系统中各运动装置安全、准确地完成其特定方向的运动提供保障。

3）执行机构。执行机构根据操作指令的要求在动力源的带动下，完成预定的操作。一般要求它具有较高的灵敏度、精确度、良好的重复性和可靠性等。

4）轴系。轴系由轴、轴承及安装在轴上的齿轮、带轮等传动部件组成。轴系的主要作用是传递转矩及精确的回转运动，它直接承受外力（力矩）。

5）机座或机架。机座或机架是支撑其他零部件的基础部件。它既承受其他零部件的重量和工作载荷，又起保证各零部件相对位置的基准作用。

2. 机电一体化中机械系统的基本要求

传统的机械系统和机电一体化系统的主要功能都是完成一系列的机械运动，但由于它们的组成不同，实现运动的方式也不同。传统机械系统一般是由动力件、传动件、执行件三部分加上电器、液压和机械控制等部分组成，而机电一体化中的机械系统是由计算机协调与控制的，用于完成包括机械力、运动和能量流等动力学任务的机械和（或）机电部件相互联系的系统组成。其核心是由计算机控制的，包括机、电、液、光、磁等技术的伺服系统。机电一体化中的机械系统需使伺服电动机和负载之间的转速与转矩得到匹配，也就是在满足伺服系统高精度、高响应速度、良好稳定性的前提下，还应该具有刚度大、可靠性高、质量小、体积小、使用周期长等优点。

因此，机电一体化中的机械系统除了满足一般机械设计的要求以外，还必须满足机电一体化系统的各种特殊要求。总体上讲，这些要求主要可归纳为以下几个方面：

1）高精度。精度是机电一体化产品的重要性能指标，对其机械系统设计主要是执行机构的位置精度，其中包括结构变形、轴系误差和传动误差，另外还要考虑温度变化的影响。

2）小惯量。大惯量会使机械负载增大、系统响应速度变慢、灵敏度降低，使系统固有频率下降，容易产生谐振；使电气驱动部分的谐振频率变低，阻尼增大。反之，小惯量则可使控制系统的带宽做得比较宽，快速性好、精度高，同时还有利于减小用于克服惯性载荷的伺服电动机的功率，提高整个系统的稳定性、动态响应和精度。

3）大刚度。机电一体化机械系统要有足够的刚度，弹性变形要限制在一定范围之内。弹性变形不仅影响系统精度，而且影响系统结构的固有频率、控制系统的带宽和动态性能。

4）快速响应性。快速响应即要求机械系统从接到指令到开始执行指令指定的任务之间的时间间隔短。这样控制系统才能及时根据机械系统的运行情况得到消息，下达指令，使其准确地完成任务。

5）良好的稳定性。稳定性即要求机械系统的工作性能不受外界环境的影响，抗干扰能力强。

例如某饮料灌装机，若每分钟灌装 450 瓶，每秒就需灌装 7.5 瓶，此时已经难以看出瓶子的轮廓和机器的动作。为了使每个瓶子都灌满，而且饮料中的气体不得溢出，则要求机器在高速运行中十分平稳；在瓶子高速运动的情况下，为了使压盖机构灵巧、迅速地压上盖子而不压碎瓶子，要求瓶子不得晃动，压盖机构的动作也应准确、协调。这些要求对机械的支架、传动等提出了很严格的要求。

2.1.2　机电一体化产品对机械部件选用实例

机器人是典型的机电一体化产品，下面以机器人的机构为核心，介绍一些机器人中较常选用的机械部件。

1. 螺纹的应用

螺纹必须是内螺纹和外螺纹成对使用才能实现功能，通过内外螺纹的相互滑动接触能够起到拧紧或传递运动的作用。

（1）差动螺旋机构　如图2-1所示，在螺杆或中空的螺母两端分别制成左旋螺纹和右旋螺纹，将螺杆或螺母向一个方向转动时，两端将同时缩进或者同时伸出，这种机构称为差动螺旋机构。由于差动螺旋机构的结构简单，所以在机械手上应用很多。

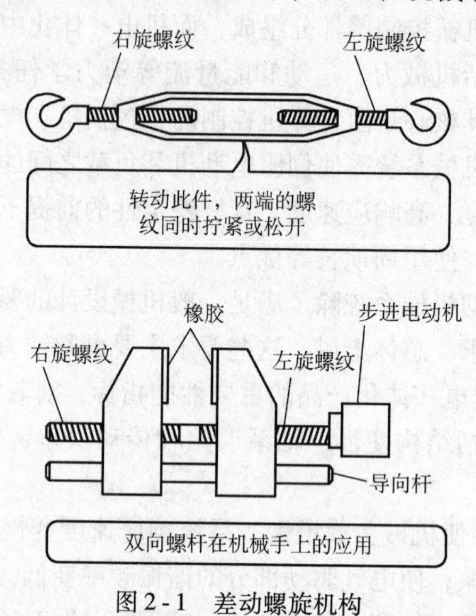

图2-1　差动螺旋机构

（2）建筑用长螺杆　目前出现有建筑用长螺杆（见图2-2），其长度可达300～1000mm。将其应用于简单的机器人上，可以组成大移动量的机构，非常方便。

（3）滚珠丝杠　将螺纹的轴截面形状设计成圆弧形，在螺母和螺杆之间的螺旋沟槽中放入一排滚动轴承用的小钢球就构成了滚珠丝杠（见图2-3）。钢球从螺母一端排出，通过螺母中的孔道返回螺母另一端的沟槽中。由于滚珠丝杠的摩擦力小，所以常作为直线运动的驱动丝杠使用。

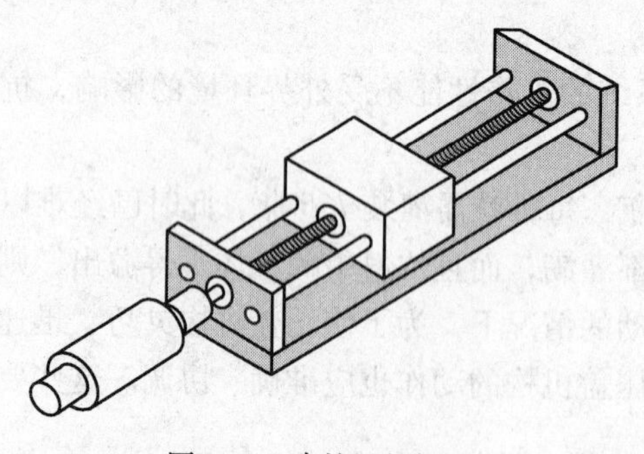

图2-2　建筑用长螺杆

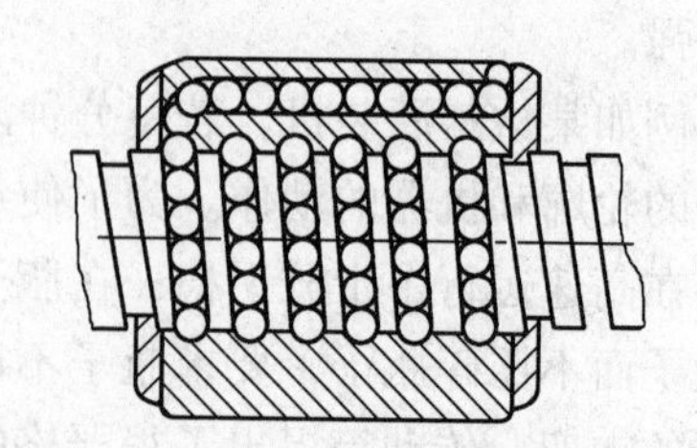

图2-3　滚珠丝杠

2. 弹簧的作用

弹簧作为重要的机械零件，应用范围很广，在机器人的机械中也被大量使用。

（1）快速夹紧　分析机器人上利用弹簧的情况可以发现，利用弹簧最多的部位是手部。从安全的观点出发，可将机器人的手爪设计成用弹簧力夹紧物体的结构，与一般的概念相反，执行装置只是起到将手爪张开的作用。这样，在紧急停电或因故障停电时，可以防止被抓起的物体意外下落而造成事故（见图2-4）。

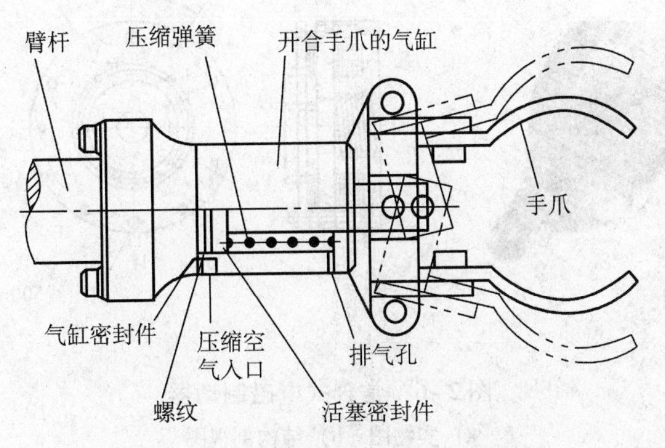

图2-4　利用弹簧力的快速夹紧机构

（2）步进电动机　大多数的机器人都使用步进电动机。但是，在步进电动机驱动的机器人上，当驱动电源断开时，步进电动机将处于自由转动状态，机器人的臂部就会在重力作用下向下摆动，有时会破坏限位开关等。为了防止这种情况发生，可以采用图2-5所示的结构，在臂部齿轮上安装一个螺旋弹簧来平衡臂部的重力。

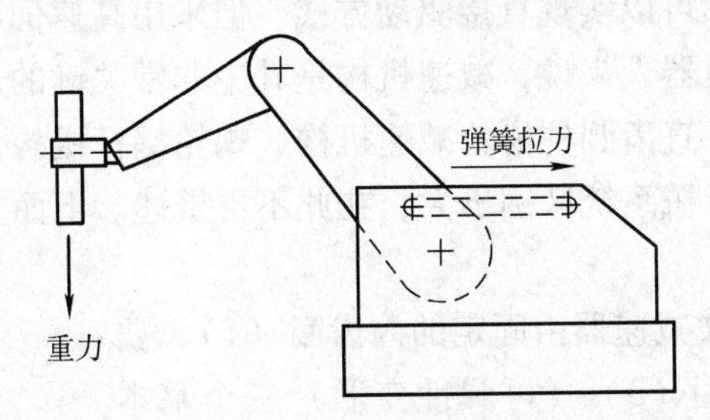

图2-5　安装在机器人肩部齿轮上的弹簧结构

3. 制动器的用途

制动器是将机械运动部分的能量变为热能吸收，从而使运动的机械速度降低或停止的装置，大致可分为机械制动器和电气制动器两类。

在机器人机构中，一般在如下情况使用制动器：

1）特殊情况下的瞬时停止和需要采取安全措施；

2）停电时，防止运动部分下滑而破坏其他装置。

（1）机械制动器　机械制动器有螺旋式自动加载制动器、盘式制动器、闸瓦式制动器和电磁制动器等，其中最典型的是电磁制动器。

在机器人的驱动系统中常使用伺服电动机，由伺服电动机本身的特性决定了电磁制动器是不可缺少的。从原理上讲，这种制动器就是用弹簧力制动的盘形制动器，当有励磁电流通过线圈时制动器打开，不起制动作用。而当电源断开时，线圈中无励磁电流，在弹簧力的作用下使制动器而处于制动状态。因此这种制动器通常称为常合式电磁制动器。又因为这种制动器常用于安全制动场合，所以也称为安全制动器，如图2-6所示。

（2）电气制动器（动力制动器）　电动机是将电能转换为旋转机械能的装置，还可以将旋转机械的机械能转变为电能的发电功能。换言之，伺服电动机是一种能量转换装

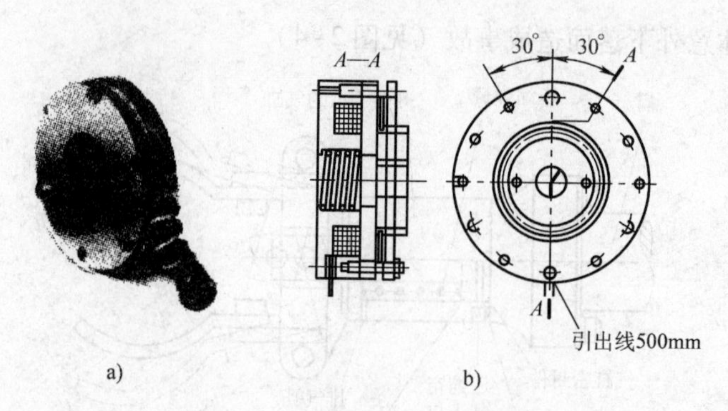

图2-6 常合式电磁制动器
a）实物图 b）结构剖视图

置，可将电能转换成机械能，同时也能够实现其相反过程来达到制动的目的。但对于直流电动机、同步电动机和异步电动机等各种不同的电动机，必须分别采用适当的制动电路。

4. 齿轮机构

在设计机器人时，必须尽量减小质量，特别是驱动系统的质量直接影响到可搬运的质量，必须特别注意。虽然可以实现直接驱动方式，但采用高速伺服电动机与减速机构组合的形式也较多。因此对机器人来说，减速机构是其中非常关键的部件。

典型的减速机构如：直齿圆柱齿轮减速机构、蜗轮蜗杆机构、齿轮齿条直线运动机构等，其基本原理与传动机械系统区别不大，在此不再赘述。下面主要介绍一下谐波减速器的结构。

如图2-7所示，谐波减速器由固定的内齿圈（1）、波发生器（2）、柔性外齿圈（3）（可弹性变形）三个基本零件构成，其特点为

1）减速比大；

2）齿侧间隙小；

3）不存在质量偏心；

4）结构紧凑，质量小。

目前，大多数机器人都采用了这种谐波减速器。

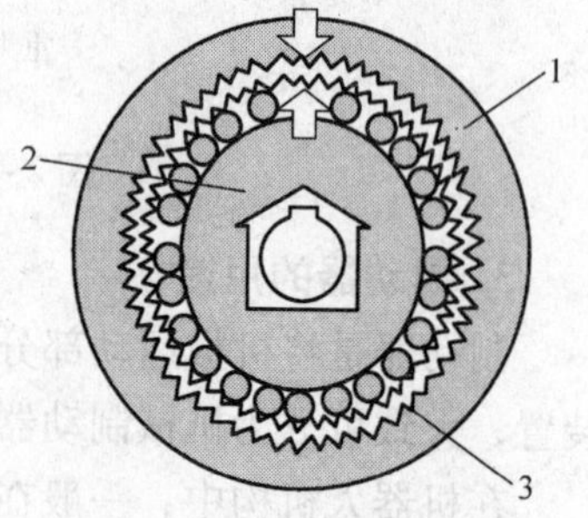

图2-7 谐波减速器的结构

5. 柔性传动机构

要在两轴之间传递旋转运动和力矩，可以采用在两轴上分别安装带轮，并在带轮上环绕传动带的传动方法。这种传动方法称为柔性传动，特别适合轴间距较大的运动传递。

（1）绳索传动 图2-8所示为采用绳索传动的机械手驱动机构。为了减小机器人臂部前端的质量，将电动机等驱动部分设计在主体的一边，而在臂杆中的长距离驱动则采用钢丝绳来实现。

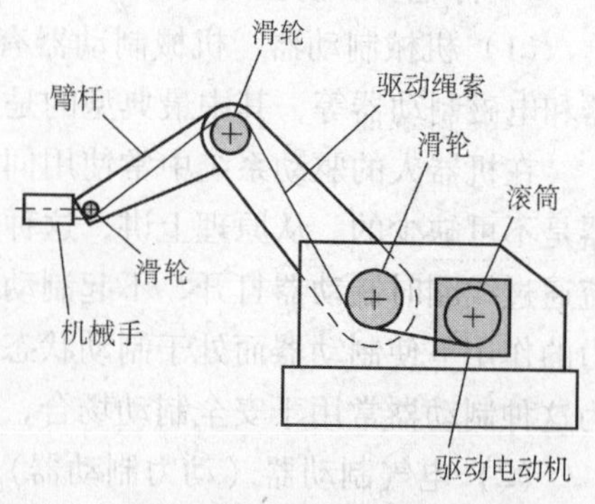

图2-8 采用绳索传动的机械手驱动机构

（2）滚子链（臂杆的内部结构） 滚子链与

齿轮相比主要用于低速大转矩的传动，可以实现像同步带那样的同步运转。因为采用金属结构，所以使用周期较长。适用于像多关节机器人那样，希望将驱动系统尽可能安装在主体上的传动机构。它与同步带相比价格便宜，可布置在较小的空间内，但在长距离传动时会产生松弛现象，必须采用张紧机构。

（3）同步带　同步带传动机构是在传动带的内侧和带轮外圆周上加工出与齿轮相似的齿形，完全由齿形的啮合来传动，能够实现同步运转。与普通 V 带相比，同步带不需要皮带的张紧机构；与齿轮传动相比，具有噪声小、不需要润滑，适用于轴间距较大的轻载传动。同步带的材质可以采用橡胶等各种材料。但同步带传动机构与 V 带轮传动机构相比造价要高 15 ~20 倍。

6. 连杆机构

用销、轴等零件将细长的杆件连接起来组成的机构称为连杆机构。这些连杆机构在机器人中得到了广泛的应用，使机器人尤其是手臂部分的动作十分灵活。下面介绍一些连杆机构的应用实例。

（1）曲柄滑块机构　曲柄与滑块机构组合起来能够将旋转运动变为直线运动（或直线运动变为旋转运动）。一般驱动机器人臂部运动的伺服装置都是电动机，所以经常需要将旋转运动变成直线运动。图 2-9 所示为曲柄滑块机构。

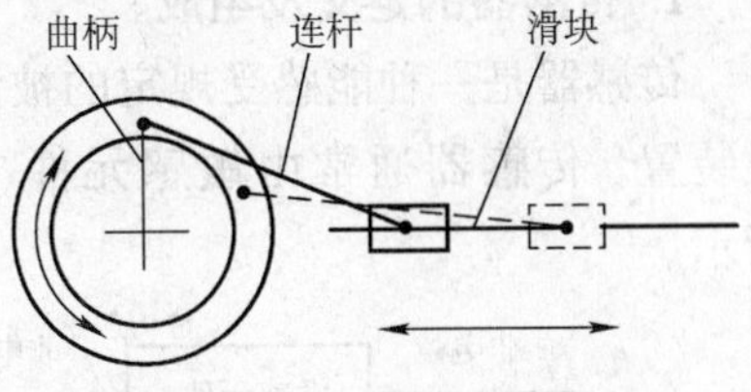

曲柄　连杆　滑块

图 2-9　曲柄滑块机构

（2）曲拐机构　曲拐机构是连杆机构的一种应用，很早以前就开始在曲柄夹紧机构和冲压机构上使用。这种机构的往复运动范围大，并能够产生较大的压力。图 2-10 所示为曲拐机构在机械手夹紧部分的应用。

（3）平行四连杆机构　在多关节机器人臂部使用平行四连杆机构是为了始终保持臂部的方向不变（见图 2-11）。

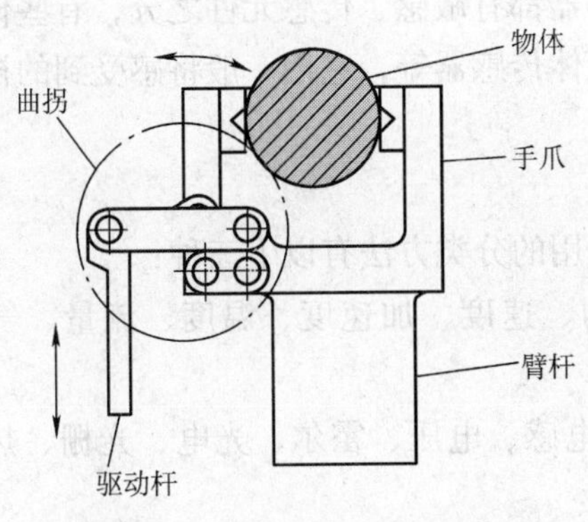

图 2-10　曲拐机构（机械手）

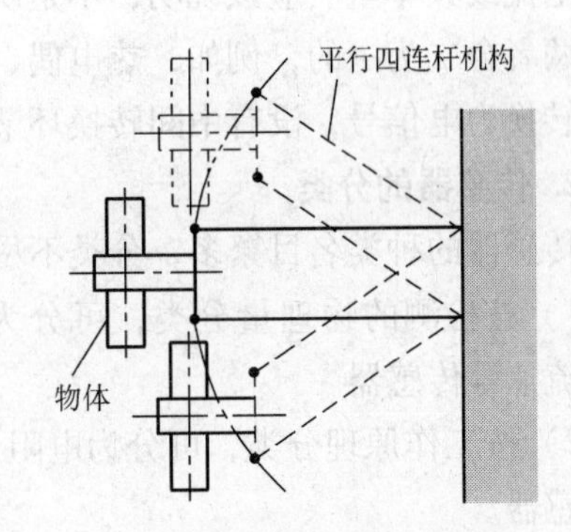

图 2-11　平行四连杆机构

思考题

1. 简述机电一体化机械系统的五大组成部分及其基本要求。
2. 螺纹的工作原理可认为是放在斜面上的物体沿斜面被上下推动，试分析拧紧螺纹与松开螺纹时的受力情况。

3. 在机器人机构中，制动器通常用于什么场合？

4. 举出一个机器人机构中所使用的齿轮减速机构，并详细说明。

5. 请说出还有哪些常见的连杆机构。

2.2 传感检测技术

教学目标：

1. 了解传感器的组成和分类。
2. 了解常用传感器的工作原理及应用。

2.2.1 传感器简介

1. 传感器的定义及组成

传感器是一种能感受规定的被测量，并按照一定的规律转换成可用的输出信号的器件或装置。传感器通常由敏感元件、传感元件及测量转换电路三部分组成，如图 2 - 12 所示。

图 2 - 12 传感器的组成框图

图 2 - 12 中的敏感元件是在传感器中直接感受被测量的元件，即被测量通过传感器的敏感元件转换成与被测量有确定关系、更易于转换的非电量。这一非电量通过传感元件后就被转换成电参量。测量转换电路的作用是将传感元件输出的电参量转换成易于处理的电压、电流或频率量。应该说明，不是所有的传感器都有敏感、传感元件之分，有些传感器是将两者合二为一的，例如，热电偶、半导体气体传感器等，它们一般将感受到的被测量直接转换为电信号，没有中间转换环节。

2. 传感器的分类

传感器的种类名目繁多，分类不尽相同。常用的分类方法有以下三种：

1）按检测的物理量分类，可分为位移、力、速度、加速度、温度、流量、气体成分、流速等传感器。

2）按工作原理分类，可分为电阻、电容、电感、电压、霍尔、光电、光栅、热电偶等传感器。

3）按输出信号的性质分类，可分为输出为开关量（“1”和“0”或“开”和“关”）的开关型传感器、输出为模拟量的模拟型传感器和输出为脉冲或代码的数字型传感器。

3. 传感器发展趋势

（1）传感器的集成化　随着半导体集成技术的发展，电子元器件的集成化程度越来越高，人们将传感器与信号处理电路制作在同一块硅片上，从而获得集成度更高、体积更小的新型传感器。例如高精度的集成温度传感器，如图2-13所示。今后还将在光、磁、温度、压力等领域开发出新的传感器。

图2-13　集成温度传感器

（2）传感器的多功能化　随着传感器的集成化不断提高，人们有可能将不同的传感器集成在一块芯片上，而实现传感器的多功能化。

（3）传感器的智能化　随着计算机技术的不断发展，人们已将计算机技术应用于传感器检测系统中，使现有的传感器智能化。

2.2.2　常用传感器及其应用

传感器有很多种类，接近开关是一种较常用的传感器。它在航空、航天技术以及工业生产中都有广泛的应用；在日常生活中，如宾馆、饭店、车库的自动门，自动热风机上都有应用；在安全防盗方面，如资料档案、财会、金融、博物馆、金库等重地，通常都装有由各种接近开关组成的防盗装置；在测量技术中，如长度、位置的测量；在控制技术中，如位移、速度、加速度的测量和控制，也都使用着大量的接近开关。

1. 接近开关的定义

接近开关又称无触点行程开关。它能在一定的距离（几毫米至几十毫米）内检测有无物体靠近。当物体与其接近到设定距离时，就可以发出“动作”信号，而不像机械式行程开关那样，需要施加机械力。它给出的是开关信号（高电平或低电平），多数接近开关具有较大的负载能力，可以直接驱动中间继电器。

接近开关的核心部分是“感辨头”，它对正在接近的物体具有较高的感辨能力。

2. 接近开关的外形

接近开关的外形如图2-14所示，可以分成圆柱形、平面安装形、方形、槽形和贯穿形。圆柱形安装方便，便于调整与被测物的距离。平面安装形和方形可用于板材的检测，槽形和贯穿形可用于线材的检测。

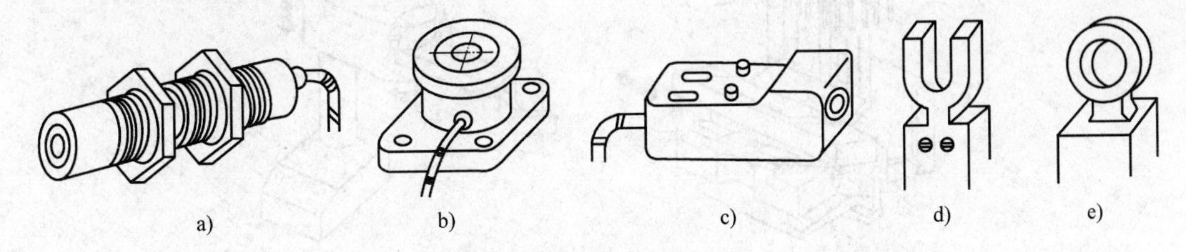

图2-14　接近开关的外形

a）圆柱形　b）平面安装形　c）方形　d）槽形　e）贯穿形

3. 接近开关的特点

与机械开关相比，接近开关具有以下优点：

1）非接触测量，避免了对传感器自身和目标物的损坏；

2）无触点输出，输出信号大，易于与计算机或可编程逻辑控制器（PLC）等接口；

3）采用全密封结构，防潮、防尘性能较好，工作可靠性强；

4）反应速度快；

5）小型“感辨头”，安装灵活，方便调整。

接近开关的缺点主要是触点容量小，输出短路时易烧毁。

4. 常见的接近开关及其应用

（1）电涡流式接近开关（俗称电感接近开关） 电涡流式接近开关由 LC 高频振荡电路、振荡器、比较器、末级放大电路组成，具体的结构如图 2-15 所示。

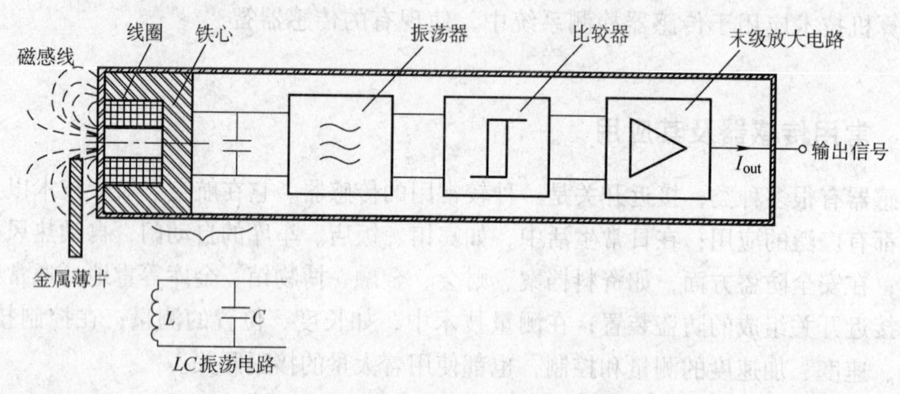

图 2-15 电涡流式接近开关的结构

它利用金属导体接近这个能产生高频电磁场的感辨头时，金属物体内部产生涡流，这个涡流反作用于接近开关，使接近开关的振荡能量衰减，内部电路参数发生变化，由此识别出是否有金属物体接近，进而控制开关的通或断。这种开关检测的物体必须是导电性能良好的金属。

这种接近开关常用于工作台、液压缸及气缸的行程控制，还可用于生产工件的加工定位、产品计数等场合。图 2-16 显示了电涡流式接近开关的部分应用。

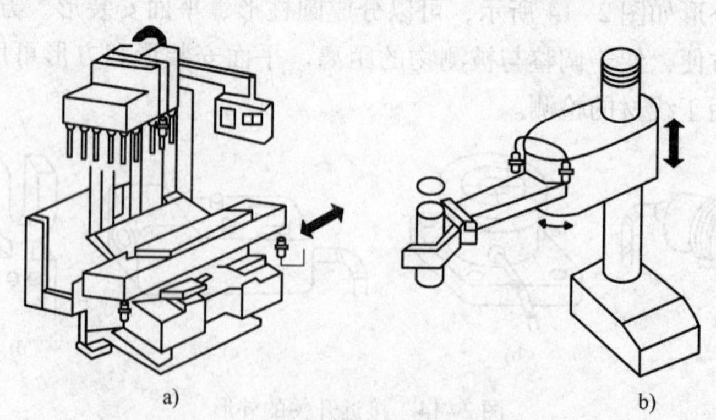

图 2-16 电涡流式接近开关的应用

a）机加工的位置检测 b）机器人手臂位置检测

（2）电容式接近开关 电容式接近开关的核心是由感应电极和罩极构成的检测端，感应电极和罩极位于接近开关的最前端，两者构成了一个电容，如图 2-17 所示。

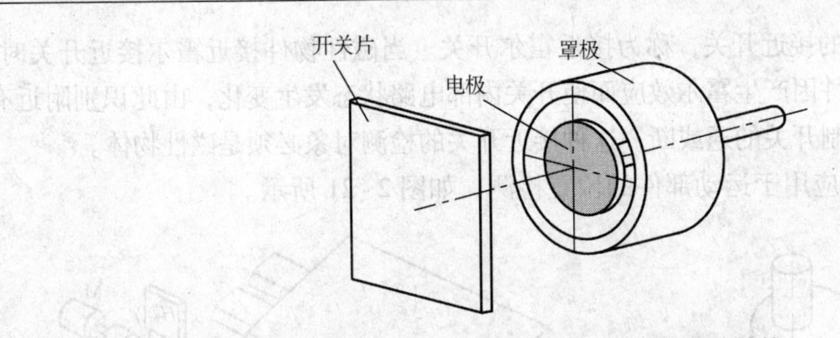

图 2-17　电容式接近开关的检测端结构

电容式接近开关由 *RC* 高频振荡电路、振荡器、比较器和末级放大电路组成，如图 2-18 所示。

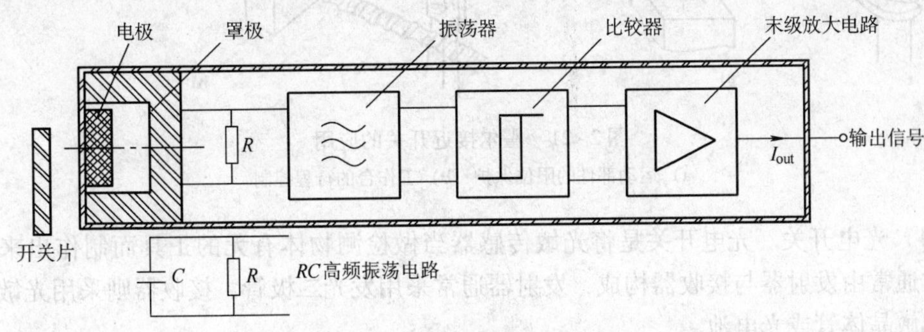

图 2-18　电容式接近开关的结构

当有物体靠近时，不论它是否是导体，由于它的接近，总要使电容的介电常数发生变化，从而使电容量发生变化，使得 *RC* 振荡电路开始振荡，通过比较器和末级放大电路输出开关信号。这种接近开关检测的对象，不限于金属导体，可以是绝缘的液体或饲料等。

电容式接近开关可以用于物料分拣、检测谷仓高度、检测物体的含水量等。图 2-19 所示的是用电容式接近开关进行物位检测。当谷物高度达到电容式接近开关的底部时，电容式接近开关发出信号关闭输送管道阀门，停止输送谷物。

（3）霍尔接近开关　霍尔接近开关采用的霍尔元件是一种磁敏元件，它的外形如图 2-20 所示。

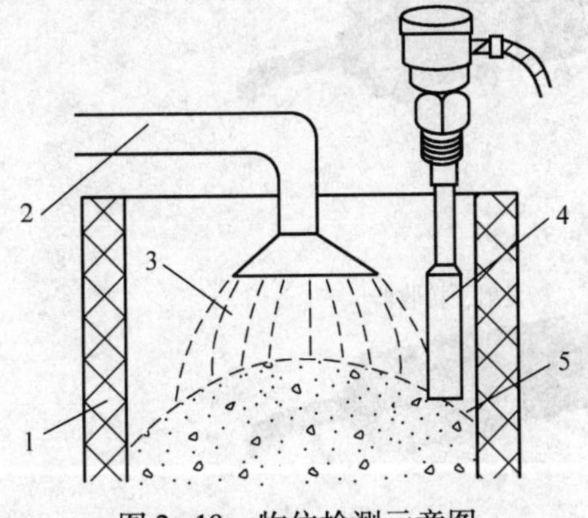

图 2-19　物位检测示意图

1—粮仓外壁　2—输送管道　3—谷物
4—电容式接近开关　5—谷物界面

图 2-20　霍尔接近开关的外形

利用霍尔元件做成的接近开关，称为接近霍尔开关。当磁性物件接近霍尔接近开关时，开关检测面上的霍尔元件因产生霍尔效应而使开关内部电路状态发生变化，由此识别附近有磁性物体存在，进而控制开关的通或断。这种接近开关的检测对象必须是磁性物体。

霍尔接近开关通常应用于运动部件的位置检测，如图2-21所示。

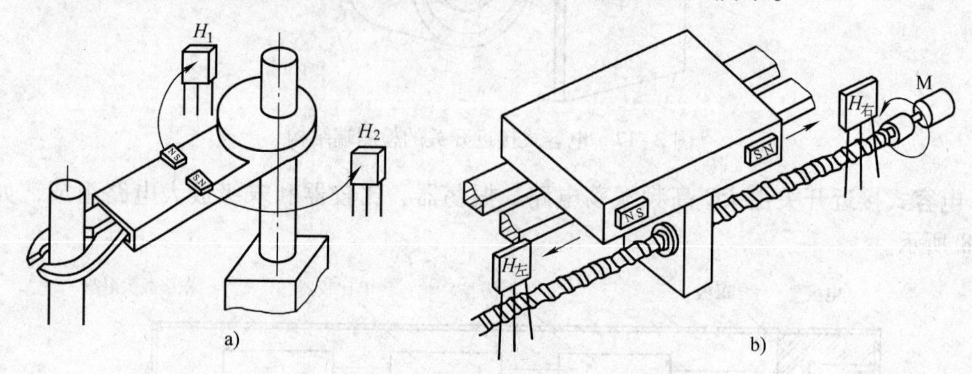

图2-21 霍尔接近开关的应用

a）运动部件的限位保护 b）工作台的行程控制

（4）光电开关 光电开关是将光敏传感器当做检测物体有无的工具而制作出来的器件。它通常由发射器与接收器构成，发射器通常采用发光二极管，接收器则采用光敏二极管、光敏晶体管或光电池。

光电开关根据检测方式的不同可以分成透射型和反射型两大类，如图2-22所示。

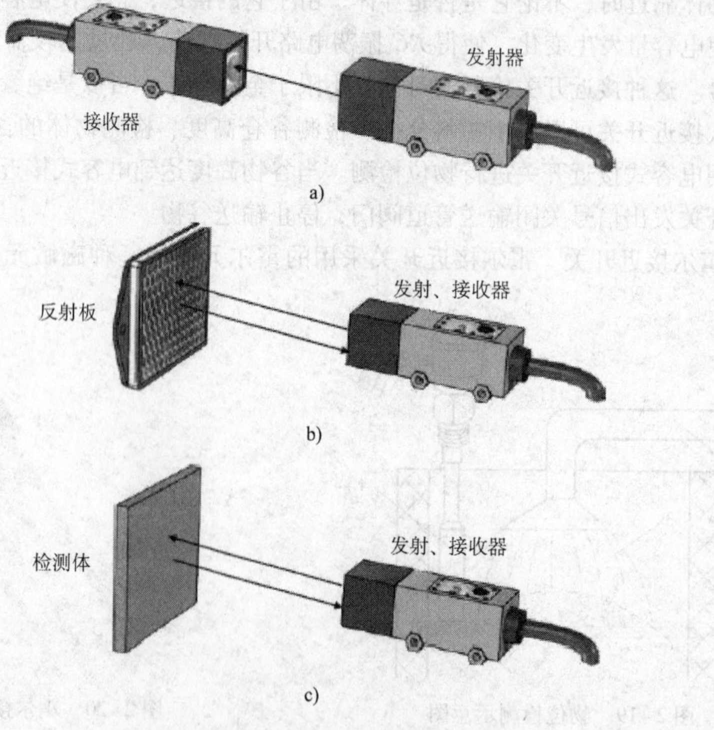

图2-22 光电开关的类型

a）透射型 b）反射板反射型 c）被测物体漫反射型

图2-22a所示的光电开关为透射型，其中发射器和接收器相对安放，且必须排列在同一条直线上（该过程称为光轴调整），当有物体从两者之间通过，发射器发出的红外光束被遮断，接收器接收不到光线而发出一个负脉冲信号。透射型由于其稳定性好，所以可以进行长距离（几十米左右）的检测。

反射型光电开关采用发射器和接收器按一定方向装在同一个检测头内，可分成反射板反射型和被测物体漫反射型两类，其外形如图2-23所示。

反射板反射型传感器（见图2-22b）单侧安装，需要调整发射板的角度以获取最佳的反射效果。反射板使用的是偏光三角棱镜，如图2-24所示。它能将光源发出的光转换成偏振光反射回去，接收器的光敏元件表面覆盖一层偏光透镜，只能接受反射镜反射回来的偏振光，不接收物体表面反射回来的各种非偏振光的干扰。它的检测距离一般可达几米。

图2-23　反射型光电开关的外形

图2-24　反射板

被测物体漫反射型传感器（见图2-22c）主要是检测发射到被测物体上并反射回来的光线，它的检测距离与被测物体的表面的反射率有关。粗糙的表面反射回来的光线强度必将小于光滑表面反射回来的强度，而且被测物体的表面必须垂直于光电开关的发射光线。常用材料的反射率如表2-1所示。

表2-1　常见材料的反射率

材　料	反射率（%）	材　料	反射率（%）
白画纸	90	不透明黑色塑料	14
报纸	55	黑色橡胶	4
餐巾纸	47	黑色布料	3
包装箱硬纸板	68	未抛光白色金属表面	130
洁净松木	70	光泽浅色金属表面	150
透明塑料杯	40	木塞	35
半透明塑料瓶	62	啤酒泡沫	70
不透明白色塑料	87	人的手掌心	75

光电开关适用于生产流水线上统计产量、检测产品的包装，精确定位，广泛应用于自动包装机、装配流水线等自动化机械装置中。图2-25所示为光电开关的使用举例。

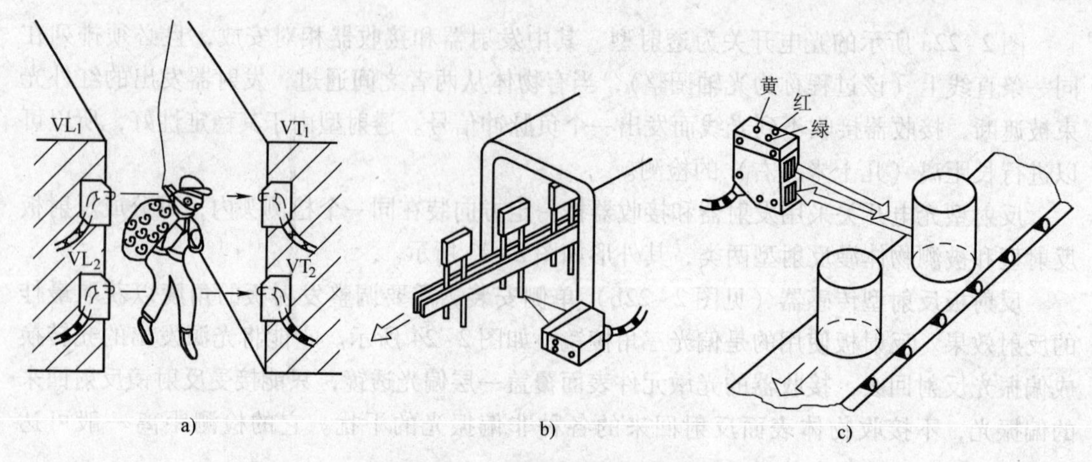

图 2-25　光电开关的使用举例

a）防盗报警检测　b）电子元器件引脚检测　c）标签检测

思考题

1. 什么是传感器？传感器有哪些部分组成？
2. 接近开关常用的有哪几种，分别用于检测什么物体？
3. 请你谈谈光电开关是如何实现感应式自来水笼头自动出水的。
4. 如果要进行水箱的液位高度测量，应选用哪种接近开关？请画出结构简图。
5. 如果要检测金属齿轮的转速，应选用哪种接近开关？请说明理由。

2.3　计算机控制技术

教学目标：

1. 了解计算机控制。
2. 掌握计算机控制系统的组成及特点。
3. 理解计算机控制系统的各种类型及应用。

计算机的种类很多，从能够超高速处理数据的超级计算机，到可以嵌入到全自动洗衣机等家用电器中的单片机应有尽有。尽管这些计算机在性能上有天壤之别，但在工作原理上却并没有本质性的不同。

在机电一体化系统中，计算机的作用极其重要，它相当于人的大脑，是系统的控制中枢，担负着信息处理、指挥整个系统运行等任务。信息处理是否正确、及时，直接影响到系统工作的质量和效率，因此计算机控制技术已成为机电一体化技术发展和变革的最活跃的因素。

2.3.1　计算机控制

在对机器进行控制时，如果采用专用的硬件设备进行，我们就称这种控制方式为固定布线式逻辑（Wired Logic）控制，也称为硬件逻辑控制。

与此相反，在一些采用计算机进行控制的通用控制设备中，控制方法及设备工作顺利都是以程序的形式描述的，这种控制方式称为软件式逻辑（Software Logic）控制。图2-26所示为两种控制方式的特点。下面对这两种控制方式进行详细的说明。

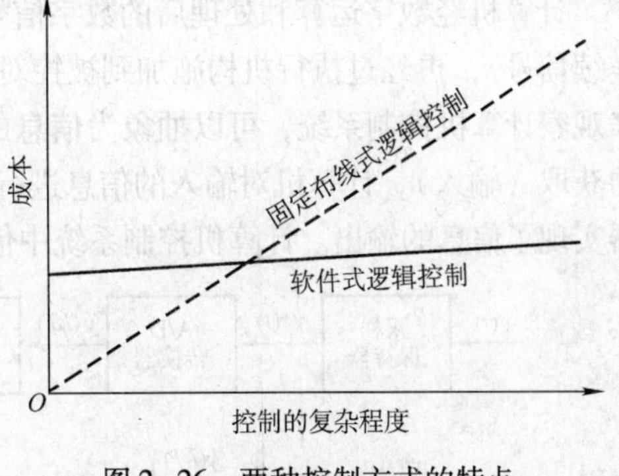

图2-26　两种控制方式的特点

1. 固定布线式逻辑控制

继电器顺序控制是最典型的固定布线式逻辑控制。对于功能单一（或者固定不变）的控制处理以及大批量生产的机器，采用硬件式逻辑控制将有利于降低系统成本。

2. 软件式逻辑控制

在软件式逻辑控制中，机器的基本结构不受控制的复杂程度影响，因此当系统需要更改样式或改进性能时，采用软件式逻辑控制方式可以在不改变机器基本结构的前提下，比较容易地实现系统的变更。

在多品种小批量生产的控制类产品（系统）中，采用这种控制方式具有极大的优越性，而且通过精心设计程序还可以提高产品的可靠性。因此，在很多机器中普遍采用计算机进行控制。

2.3.2　计算机控制系统的组成及特点

在控制系统中根据系统信号相对于时间的连续性，通常分为连续时间系统和离散时间系统（简称连续系统和离散系统）。在采用计算机进行信号处理的控制系统中，计算机处理的信号是以数码的形式存在的，也称为数字信号，它在时间上是离散的。由于计算机字节有限，所以信号的幅值也是离散的，通常用二进制数表示，因此计算机控制系统是一种离散控制系统。离散控制理论是研究计算机控制系统的理论基础。

图2-27是计算机控制系统的典型结构框图。包括工作于离散状态下的计算机和具有连续工作状态的被控对象两大部分。被控制量 $c(t)$ 一般为连续变化的物理量（如位移、速度、压力、流量、温度等），即模拟量，经过检测传感器转换成相应的电信号，再经过模/数（A/D）转换器将信号转换成计算机能够处理的数字量送入计算机，从而完成了信号的输入过程。

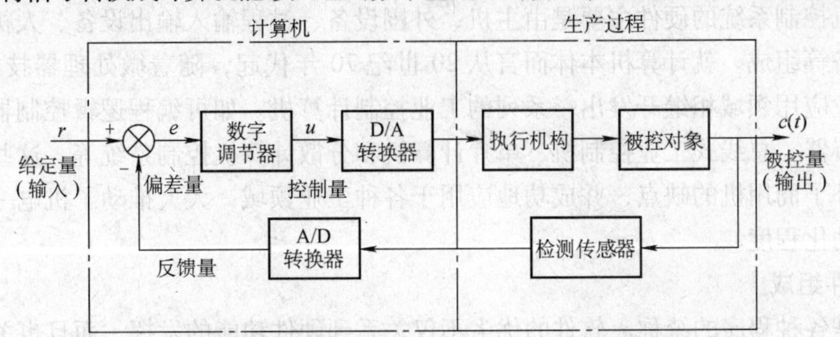

图2-27　计算机控制系统的典型结构框图

计算机经数字运算和处理后的数字信号还需要经过数/模（D/A）转换和保持（转换成连续信号），再经过执行机构施加到被控对象，实现了信息的输出。因此从信息转换的观点来观察计算机控制系统，可以抽象为信息的变换与处理过程。其中模/数转换器完成了信息的获取（输入），计算机对输入的信息进行比较和处理（控制算法与逻辑运算），数/模转换器实现了信息的输出。计算机控制系统中信号的变换与传输过程如图 2-28 所示。

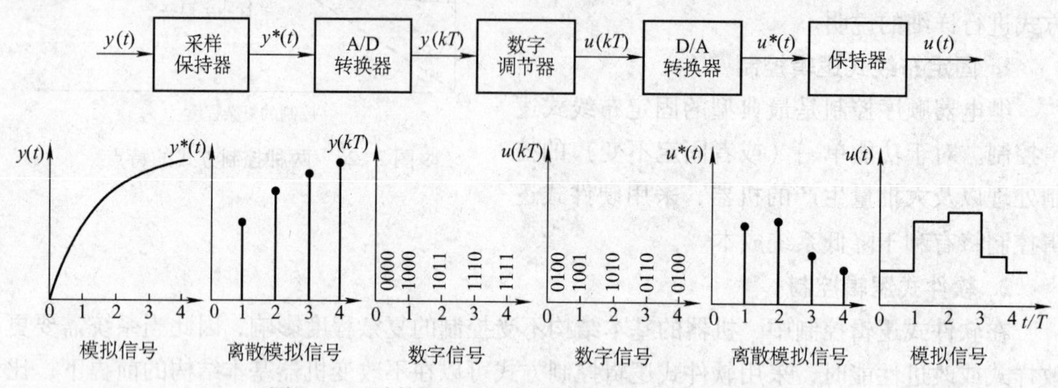

图 2-28 计算机控制系统中的信号变换与传输过程

从图 2-28 可以清楚看出计算机获得信息的过程，把模拟信号按一定时间间隔 T 转变为在瞬时 0，T，$2T$，…，nT 的一系列脉冲输出信号 $y^*(t)$的过程称为采样过程。经过采样的信号 $y^*(t)$称为离散模拟信号，即时间上离散而幅值上连续的信号。从离散模拟信号 $y^*(t)$到数字信号 $y(kT)$的过程称为量化过程，即为有限字长的二进制数码来逼近离散模拟信号。微型计算机通常采用 8 位或 16 位字长，因此量化过程会带来量化误差。量化误差的大小取决于量化单位 q。若被转换的模拟量满量程为 M，转换成二进制数字量的位数为 N，则量化单位 q 定义为

$$q = M/2N$$

而量化误差为

$$\varepsilon = \pm q/2$$

显然 N 越大，量化误差 ε 越小，但 N 过大会导致计算上有效字长的增加。

计算机控制系统由硬件和软件两部分组成。

1. 硬件组成

计算机控制系统的硬件主要是由主机、外围设备、过程输入输出设备、人机联系设备和通信设备等组成。就计算机本体而言从 20 世纪 70 年代起，随着微处理器技术的发展，针对着工业应用领域相继开发出一系列的工业控制计算机。如可编程逻辑控制器（PLC）、单回路调节器、总线式工业控制机、单片计算机和分散计算机控制系统等。这些工业控制计算机弥补了商用机的缺点，并成功地应用于各种工业领域，大大推动了机电一体化控制系统的自动化程度。

2. 软件组成

软件是各种程序的统称。软件的优劣不仅关系到硬件功能的发挥，而且也关系到计算机控制系统的品质。软件通常分为两大类：系统软件和应用软件。

（1）系统软件　系统软件包括汇编语言、高级语言、控制语言、数据结构、操作系统数据库系统、通信网络软件等。计算机设计人员负责研制系统软件，而计算机控制系统设计人员则要了解系统软件，并学会使用，从而更好地编制应用软件。

（2）应用软件　应用软件是设计人员针对某个应用系统而编制的控制和管理程序。一般分为输入程序、控制程序、输出程序、人机接口程序、打印显示程序和各种公共子程序等。其中控制程序是应用软件的核心，是基于控制理论的控制算法的具体实现。

2.3.3　计算机控制系统的类型

根据计算机在控制系统中担当的“角色”不同及控制系统的复杂程度，可以将计算机控制系统分为以下几种类型。

1. 操作指导控制系统

操作指导控制系统如图 2-29 所示。计算机只起数据采集和处理的作用，它不参加对系统的控制。计算机根据一定的数学模型，依赖检测传感装置测得的被控对象的状态信息数据，计算出供操作人员选择的最优操作条件及操作方案。操作人员根据计算机的输出信息，如 CRT 显示图形或数据、打印机输出、报警等，去改变系统的给定值或直接操作执行机构。在这种系统里，计算机只是充当“助手”的角色，真正的操作还需要人去进行。

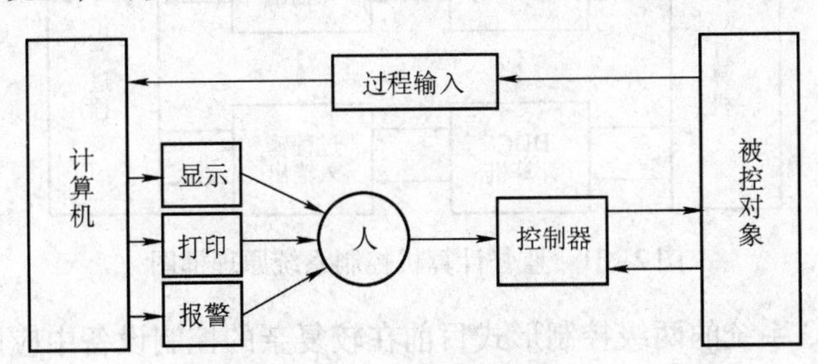

图 2-29　操作指导控制系统

2. 直接数字控制系统（DDC）

这类系统中计算机的运算和处理结果直接输出作用于被控对象，故称为直接数字控制（Direct Digital Control，DDC）系统。直接数字控制系统的构成如图 2-30 所示。DDC 系统中计算机参与闭环控制，不仅完全取代模拟调节器，实现多回路的 PID（比例、积分、微分）控制，而且只要改变程序就可以实现复杂的控制规律，如非线性、纯滞后、自适应控制、解耦控制、最优控制等。DDC 是一个最典型的应用形式，它在工业控制中得到广泛应用。

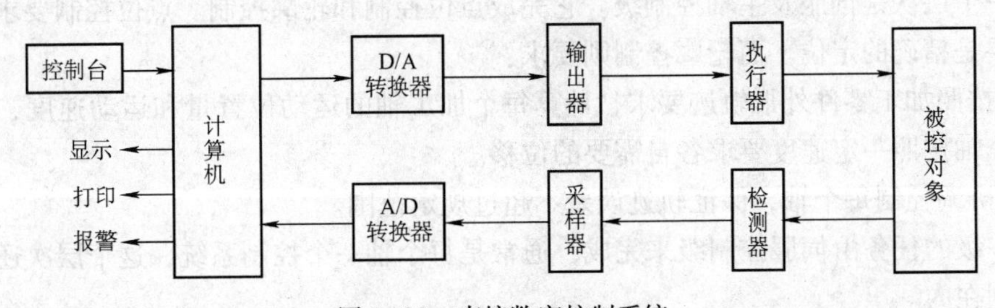

图 2-30　直接数字控制系统

直接数字控制是真正意义上的计算机控制，在这里计算机既是“决策者”，又是“操作者”。由于计算机的作用非常重要，因此控制机的选择就十分关键。除了要根据控制对象的不同和任务的难易而选择不同类型和配置外，一个最基本的要求就是高可靠性，目前可靠性已经达到的水平，其平均无故障时间（MTBF）在20000~50000h以上甚至更高。另外还要求可维护性好，就是一旦机器出了故障，要能在最短时间内修复。有些要求高的场合，可以采用备份机，出现故障，备份机组可立即自动接入。

3. 监督计算机控制（SCC）系统

所谓监督计算机控制（Supervisory Computer Control）就是根据原始的生产工艺信息及现场检测信息按照描述生产过程的数字模型，计算出生产过程的最优设定值。输入给DDC系统或连续控制系统。监督计算机控制系统原理框图如图2-31所示。SCC系统的输出值不直接控制执行机构，而是给出下一级的最佳给定值。因此是较高一级的控制。它的任务是着重于控制规律的修正与实现，如最优控制、自适应控制等，实际上它是操作指导系统与DDC系统的综合与发展。这种系统的计算机主要起“决策人”的作用，同时也充当“监工”，能达到省料、高产、低消耗，不过方案的缺点是仍需常规的模拟仪表。

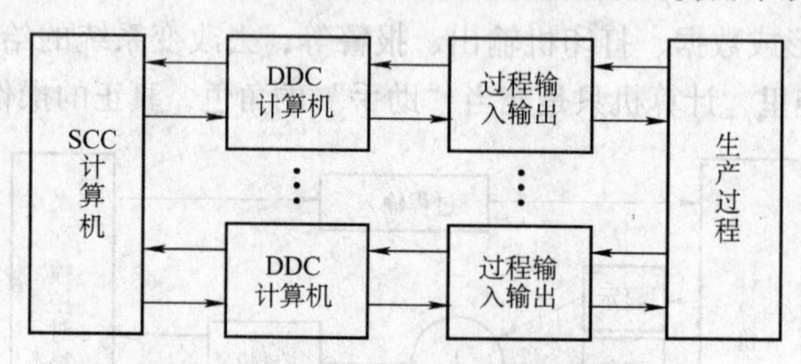

图2-31　监督计算机控制系统原理框图

应当指出，SCC系统的两级控制形式目前在较复杂的控制设备中应用相当普遍，如在多坐标高精度数控机床的控制系统中，上一级的任务是完成插补运算（即插补数学模型）及加工过程管理，下一级实现多坐标的进给。又如工业机器人的两级控制中，上一级完成机器人运动轨迹的计算和机器人工作过程的管理，而下一级完成各关节的进给与定位。

4. 分级控制系统

分级控制是由多台计算机或微处理器构成一个控制系统。这个系统是分层次的，每一个层次负责部分任务，但各层之间又有通信联系，以构成一个总体。

以数控机床的加工为例，其加工过程是将金属或其他材质原材料，加工成一定形状和规格的零件。这一加工过程可以分解成三个层次。

第一个层次是伺服及主轴控制级。它完成点位控制和轮廓控制。点位控制要求比较简单，主要是精确的定位。而轮廓控制则要求：

1）按照加工零件外形轨迹要求，计算每个加工轴的运动位置量和运动速度，驱动并控制每个轴按照一定速度要求各自需要的位移。

2）协调控制每个轴，保证轨迹误差不超过规定范围。

这一级的任务由伺服控制级来完成，通常是每个轴一个控制系统，这个层次还应包括主轴控制在内。

第二个层次是过程控制级。它完成的任务主要是各加工轴的管理、刀具磨损的监控与补偿、切削力矩的控制、刀具交换控制（在加工中心的场合），以及通过 PLC 等直接与机床交换信息等。这一级主要是对实时变化的过程参量进行控制。

第三个层次是管理监控级。它的任务有两个：

1）与机床操作工通过显示屏幕、手动数据输入（包括键盘、软键以及操作面板上的各种按钮等）进行信息交换。

2）与其他机床、运料车、CNC、计算机或管理人员进行信息交换。

这部分可称之为管理控制。数控机床加工过程的三级控制示意图如图 2-32 所示。这个三级控制系统可以由多台计算机构成，也可以由多个微处理器在一台计算机机箱内组成。

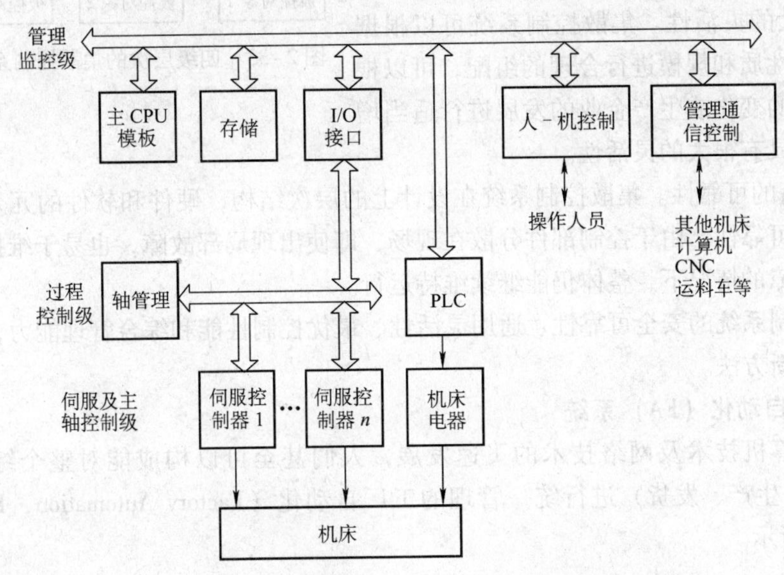

图 2-32　数控机床加工过程的三级控制示意图

上面提到的分级控制，可以在一台数控机床上实现，也可以在一条柔性制造系统中应用，其范围一般不大。下面要讨论的一些系统，一般都是涉及一个车间或整个工厂的生产过程以及综合管理等大范围多功能的控制。

5. 集散控制系统（DCS）

集散控制系统是国内的流行术语，因为这类系统的控制是分散在现场各处，而监视管理则是集中的。集散控制系统也称分布式控制系统（Distributed Control System）。“分布”在这里有两重含义：一是指整个工厂的生产设备所在地理位置一般是分散在厂内各处的，相应地要求控制设备的地理位置也是分散的；二是指整个控制系统的各种功能，如数据采集、设备控制、监视操作和运行显示等是分散的。概括地说，集散控制系统的控制是分散的，但综合管理则是集中的。

从另一个角度看，集散控制系统又是一种层次结构的分级控制系统。其层次可分成二到四级不等。图 2-33 是一个四级层次集散控制系统示意图。图中从顶到底共分计划层、协调层、监督层和控制层四个层次。可以看出，现场设备和工艺控制是分散实现的，但计划、协调和监督等管理功能则是集中的。图中没有表示的是通信网络，它是赖以实现集中管理和分散控制的纽带。

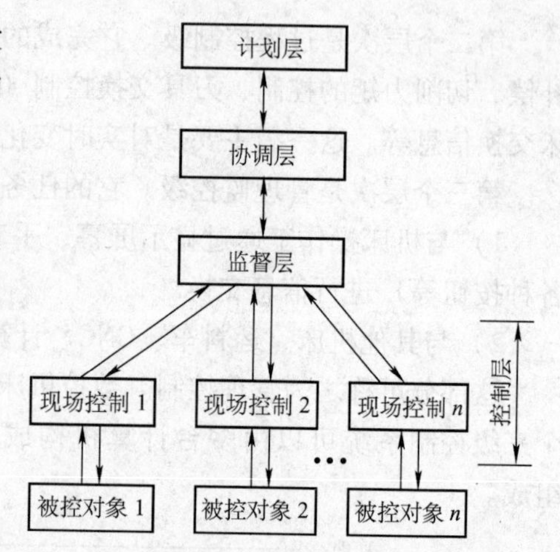

图 2-33　四级层次的集散控制系统示意图

集散控制系统的特点表现在以下三个方面：

1）很好的适应性。集散控制系统是根据现代化生产管理和控制的需求而发展起来的，激烈的市场竞争迫使生产商追求实现有效的管理和生产过程的优化控制，以缩短生产周期和降低成本。集散控制系统从结构和功能上均具备高度的适应性，从而可以满足多种企业的需求。

2）很大的灵活性。集散控制系统可以根据生产企业的性质和规模进行合理的组配，可以根据生产情况的变化或生产企业的发展进行适当增减或变化，具有很大的灵活性。

3）很高的可靠性。集散控制系统在设计上的层次结构，硬件和软件的冗余技术，保证了系统的可靠性。由于控制部件分散在现场，即使出现局部故障，也易于维护。甚至在出现一些故障的情况下，整体仍能继续维持运行。

集散控制系统的安全可靠性、通用灵活性、最优控制性能和综合管理能力，为计算机控制开创了新方法。

6. 工厂自动化（FA）系统

由于计算机技术及网络技术的飞速发展，人们甚至可以构成能对整个综合型系统（包括订货、生产、发货）进行统一管理的工厂自动化（Factory Automation，FA）系统，如图 2-34 所示。

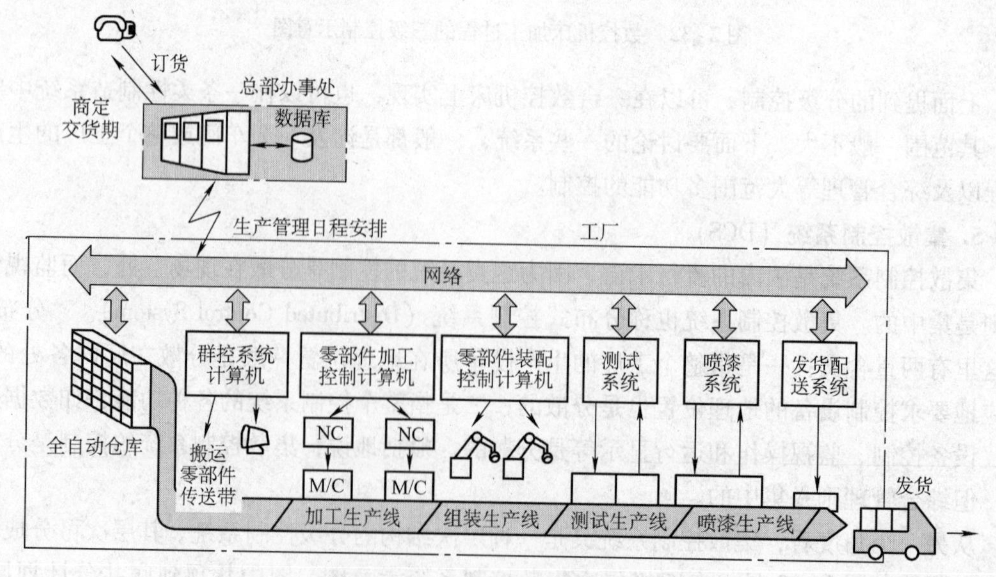

图 2-34　工厂自动化（FA）系统

思考题

1. 简述固定布线式逻辑控制与软件式逻辑控制的区别。
2. 试述计算机控制系统的信号传输过程。
3. 简述计算机控制系统的组成及特点。
4. 试回答在各类计算机控制系统中计算机所担负的不同“角色”。
5. 集散控制系统的构成是怎样的？集散控制具有什么特点？

2.4　伺服技术

教学目标：

1. 掌握伺服系统的结构组成及分类。
2. 理解直流伺服系统、交流伺服系统、步进电动机控制系统的工作原理。

伺服（Servo）的意思即“伺候服务”，就是在控制指令的指挥下，控制驱动元件，使机械系统的运动部件按照指令要求进行运动。伺服系统主要用于机械设备位置和速度的动态控制，在数控机床、工业机器人、坐标测量机以及自动导引车等自动化制造、装配及测量设备中，已经获得非常广泛的应用。

2.4.1　伺服系统的结构组成及分类

1. 伺服系统的结构组成

伺服系统的结构类型繁多，其组成和工作状况也是不尽相同。一般来说，其基本组成可包含控制器、功率放大器、执行机构和检测装置等四大部分，如图2-35所示。

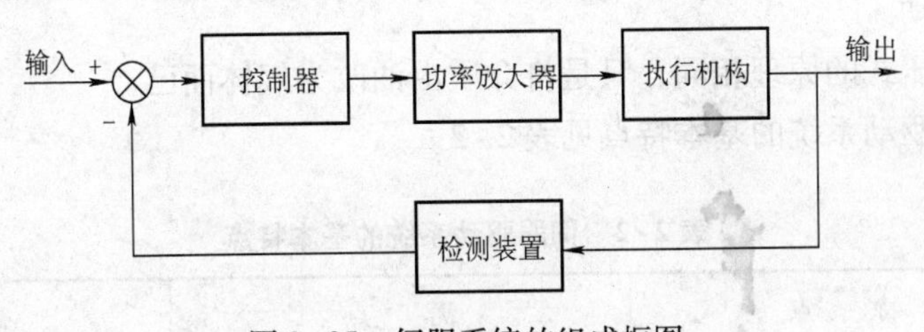

图2-35　伺服系统的组成框图

（1）控制器　控制器的主要任务是根据输入信号和反馈信号决定控制策略。常用的控制算法有PID（比例、积分、微分）控制和最优控制等。控制器通常由电子线路或计算机组成。

（2）功率放大器　伺服系统中的功率放大器的作用是将信号进行放大，并用来驱动执行机构完成某种操作。在现代机电一体化系统中的功率放大装置，主要采用各种电力电子器件组成。

（3）执行机构　执行机构主要由伺服电动机或液压伺服机构和机械传动装置等组成。目前，采用电动机作为驱动元件的执行机构占据较大的比例。伺服电动机包括步进电动机、直流伺服电动机、交流伺服电动机等。

（4）检测装置　检测装置的任务是测量被控制量（即输出量），实现反馈控制。伺服传动系统中，用来检测位置量的检测装置有自整角机、旋转变压器、光电码盘等；用来检测速度信号的检测装置有测速发电机、光电码盘等。应当指出，检测装置的精度是至关重要的，无论采用何种控制方案，系统的控制精度总是低于检测装置的精度。对检测装置的要求除了精度高之外，还要求线性度好、可靠性高、响应快等。

2. 伺服系统的分类

1）根据使用能量的不同，可以将伺服驱动系统分为电气式、液压式和气压式等几种类型，如图 2 - 36 所示。

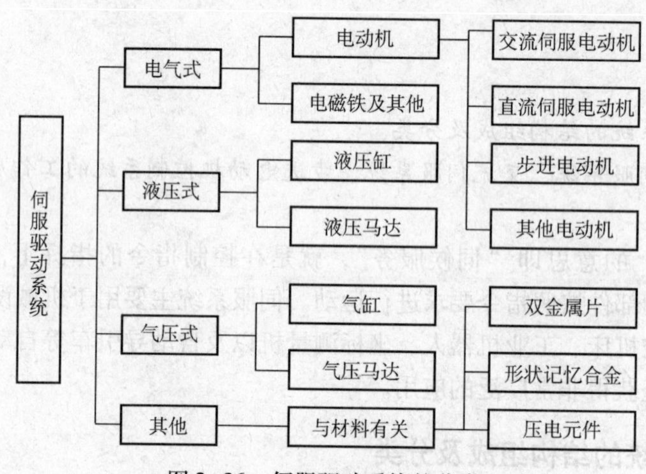

图 2 - 36　伺服驱动系统的分类

电气式是将电能变成电磁力，并用该电磁力驱动运行机构运动。

液压式是先将电能变换为液压能并用电磁阀改变压力油的流向，从而使液压执行元件驱动运行机构运动。

气压式与液压式的原理相同，只是将介质由油改为气体而已。

这三种伺服驱动系统的基本特点见表 2 - 2。

表 2 - 2　伺服驱动系统的基本特点

种类	特　点	优　点	缺　点
电气式	可使用商用电源；信号与动力的传送方向相同；有交流和直流之别，需注意电压大小	操作简单；编程容易；能实现定位伺服；响应快、易与 CPU 相接；体积小，动力较大；无污染	瞬时输出功率大；过载差，由于某种原因而卡住时，会引起烧毁事故，易受外部噪声影响
液压式	要求操作人员技术熟练；液压源压力为$(20\sim80)\times10^5$ Pa	输出功率大，速度快，动作平稳，可实现定位伺服；易与 CPU 相接；响应快	设备难于小型化；液压源或液压油要求（杂质、温度、测量、质量）严格；易泄漏且有污染
气压式	空气压力源的压力为$(5\sim7)\times10^5$ Pa；要求操作人员技术熟练	气源方便、成本低；无泄漏污染；速度快、操作比较简单	功率小，体积大，动作不够平稳；不易小型化；远距离传输困难；工作噪声大、难于伺服

2）按控制方式划分，可分为开环伺服系统和闭环伺服系统。

开环伺服系统（见图2-37a）结构上较为简单，技术容易掌握，调试、维护方便，工作可靠，成本低。缺点是精度低、抗干扰能力差。一般用于精度、速度要求不高、成本要求低的机电一体化系统。闭环伺服系统（见图2-37b）采用反馈控制原理组成系统，它具有精度高、调速范围宽、动态性能好等优点。缺点是系统结构复杂、成本高等。一般用于要求高精度、高速度的机电一体化系统。

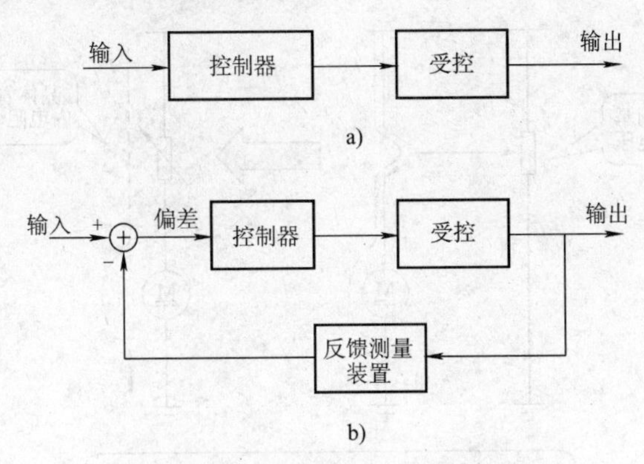

图2-37　开环伺服系统与闭环伺服系统

a）开环伺服系统　b）闭环伺服系统

2.4.2　直流伺服系统

采用直流伺服电动机作为执行元件的伺服系统，称为直流伺服系统。

1. 直流电动机的结构及其工作原理

使用直流电源的电动机称为直流电动机。因此，只要把直流电动机的端子接到直流电源上就可以简单地使其运转。直流电动机是一种具有优良控制特性的电动机。

图2-38所示为直流电动机的结构。可以看出，直流电动机由永磁钢构成的定子、绕有线圈的转子以及换向器和电刷等构成。当电流通过电刷和换向器流过线圈时产生转子磁场，这时转子成为一个电磁铁，在转子与定子之间产生吸引力或推斥力使转子旋转。由电刷和换向器来切换电流方向，使电动机按同一方向旋转从而带动负载做功。

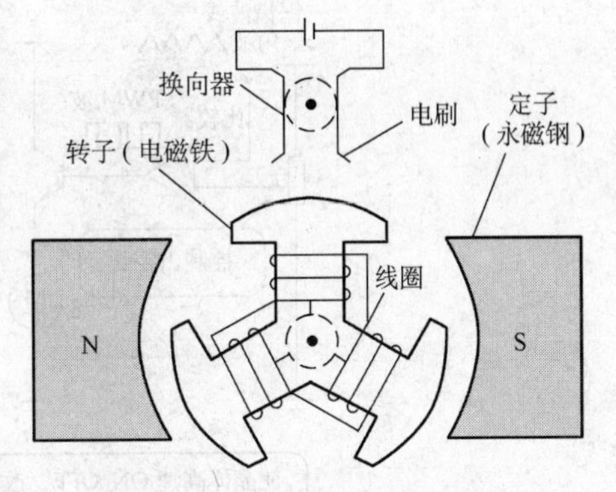

图2-38　直流电动机的结构

2. 直流电动机的转速、转矩控制

为了改变直流电动机的转速和转矩，可以采取以下不同的控制方法：

1）做电动机转速调节时→可改变电源电压；

2）做电动机转矩调节时→可改变电枢电流。

实际上，做上述调节时，电压和电流是同时变化的，因此电动机的转速和转矩也在同时变化。例如，充电式电动扳手使用了直流电动机，在转速变化时，紧固力矩也会同时发生变化。因此，在直流电动机转速、转矩控制时，一般均采用改变输入电压的方法。改变输入电压时，大体上有线性控制方式和PWM控制方式两种。

（1）线性控制方式　线性控制方式的原理如图2-39所示。线性控制方式也可称为电阻控制方式。在电动机与电源之间插入晶体管，这个晶体管相当于一个可调电阻器，也就相当于控制了加于电动机上的电压，从而改变电动机的转速和转矩。晶体管工作于不饱和区，基本上与低频功率放大器的电路结构相同。

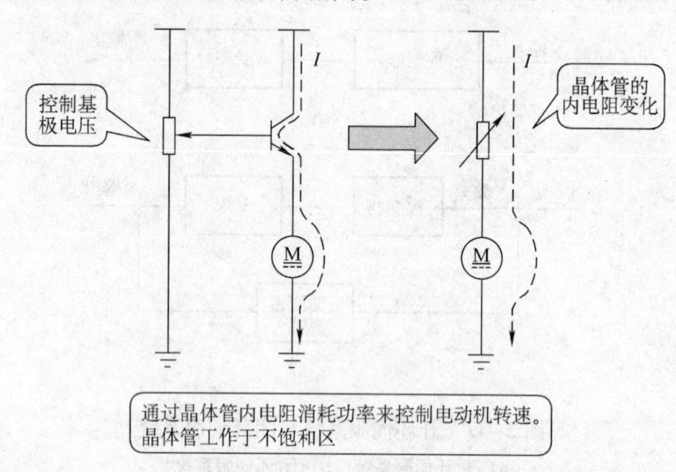

图2-39　线性控制方式的原理

由于直流电动机线性控制方式不改变电流的波形，因此对电刷、换向器的换向作用影响很小，可以做到转速的平滑调节。但是晶体管产生的功率损耗将变成热量（单位为焦[耳]）而消耗掉，使得线性控制方式的效率降低，是一种不经济的控制方式。可用于额定功率为数瓦的小电动机的控制电路。

（2）PWM控制方式　PWM（Pulse－Width Modulation，脉宽调制）控制方式的原理如图2-40所示。

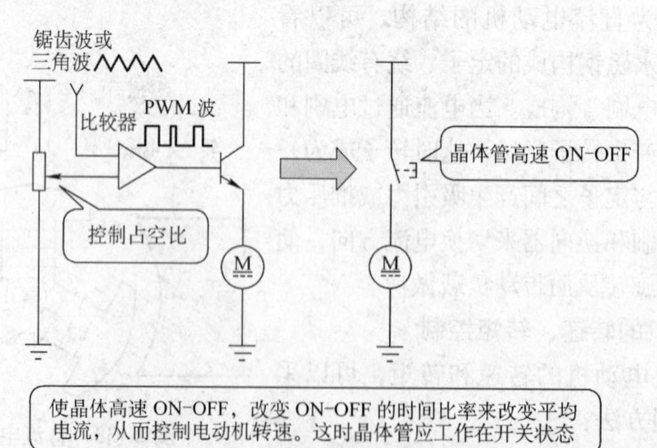

图2-40　PWM控制方式

PWM控制方式是脉冲控制方式的一种。其中晶体管作为一个开关，使加到电动机上电压的ON与OFF的时间比（占空比，Duty Ratio）发生变化，从而控制电动机电压的平均值。由于晶体管工作于饱和状态，几乎不消耗功率，因此 PWM 控制方式具有良好的经济性。但由于电动机供电电压处于开关状态，因此会导致噪声、振动以及电刷、换向器的损伤等问题出现；这些问题从控制技术上已经逐步得到解决。PWM 控制方式已经成为现代直流电动机控制技术上的主流。

3. 直流电动机的 PWM 控制电路举例

（1）直流电动机 PWM 控制的原理　直流电动机的 PWM 控制原理如图 2-41 所示。图 2-41a 为利用 PWM 发生器来调节电动机转速的方法，PWM 波形的占空比由输入的模拟电压控制。图 2-41b 中，由微型计算机的 I/O 接口直接产生 PWM 信号，用该信号来驱动大功率晶体管的开关，从而控制直流电动机的转速。在任何情况下，都需要设置续流二极管，以便在晶体管 OFF 期间电动机电流能够继续流通而使电动机平滑地旋转。PWM 控制时电动机中将流过的平均电流与 PWM 波形的占空比成比例（见图 2-41c），改变占空比就可以控制电动机的转速。

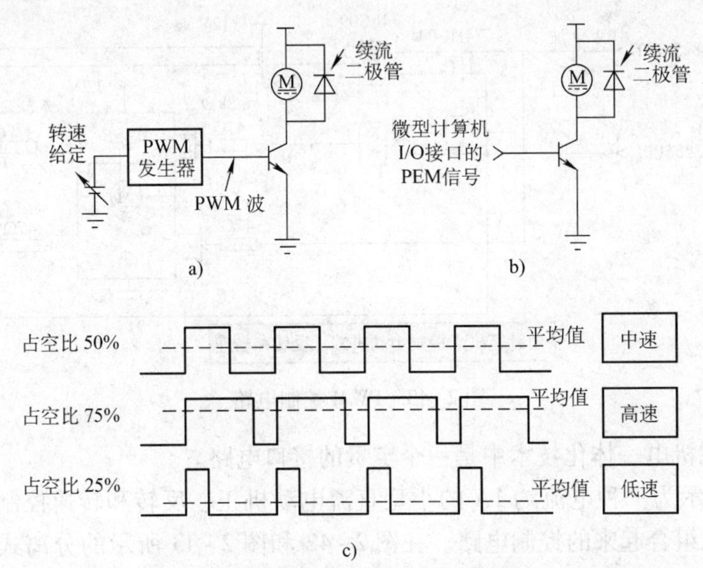

图 2-41　直流电动机 PWM 控制的原理

a）电路的 PWM 控制　b）微型计算机的 PWM 控制　c）PWM 信号波形

（2）直流电动机的 PWM 控制电路举例　图 2-41 所示为由 PWM 发生器产生 PWM 波来控制直流电动机正、反转和转速的一种电路，其中直流电动机用来代替液压缸。机电一体化技术中，电动机的控制很少使用图 2-41 所示的单方向控制，一般情况下都是如图 2-42 所示，使用正、反转控制与转速控制。PWM 发生器中，由控制二极管 1S1588 的 ON 和 OFF 时间来产生 PWM 信号，调节电位器可以改变 PWM 信号的占空比。当占空比为 50% 时，电动机停止，占空比为 0% 时在顺时针（CW）方向高速运行，占空比接近 100% 时在逆时针（CCW）方向高速运行。

图 2-43 所示为一种可同时实现直流电动机正、反转控制和转速控制的电路。电路中同样采用了直流电动机，该控制电路要与微型计算机组合起来使用。8253PIT 为计数器/定时器用 LSI（大规模集成电路），具有按程序自动产生 PWM 信号的功能，因而不会增加

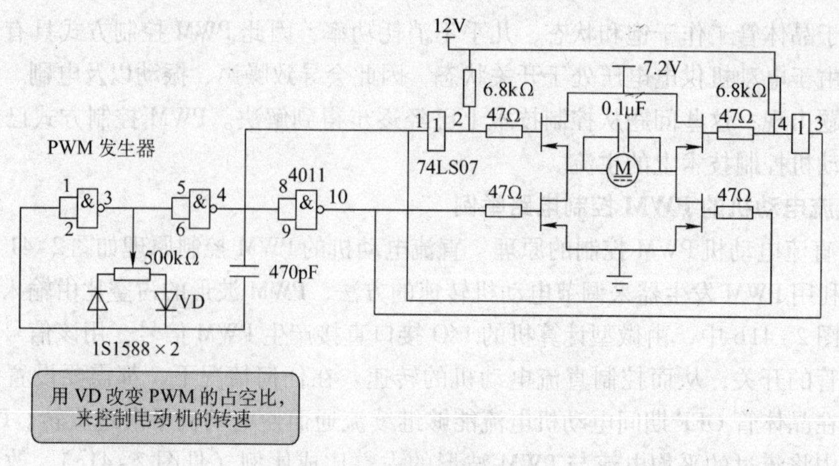

图 2-42　PWM 控制电路

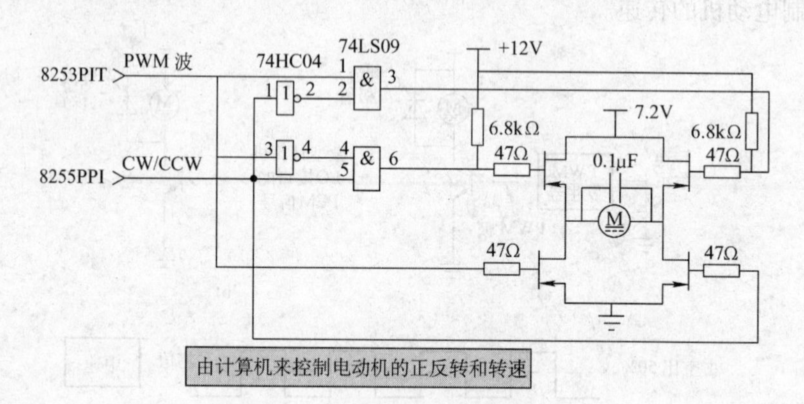

图 2-43　PWM 控制电路

CPU 的负担，在机电一体化技术中是一个宝贵的接口电路。

图 2-44 所示为一种电流约 1A 的小型直流电动机正、反转和转速控制电路，也是一种与微型计算机组合起来的控制电路。在图 2-42 和图 2-43 所示的分离式电路中，必须有脉冲分配电路和高速开关的偏置电路，而图 2-44 所示电路中的 TA8440H 可以把上述功能集中于一个 IC 芯片中，使用起来十分方便。

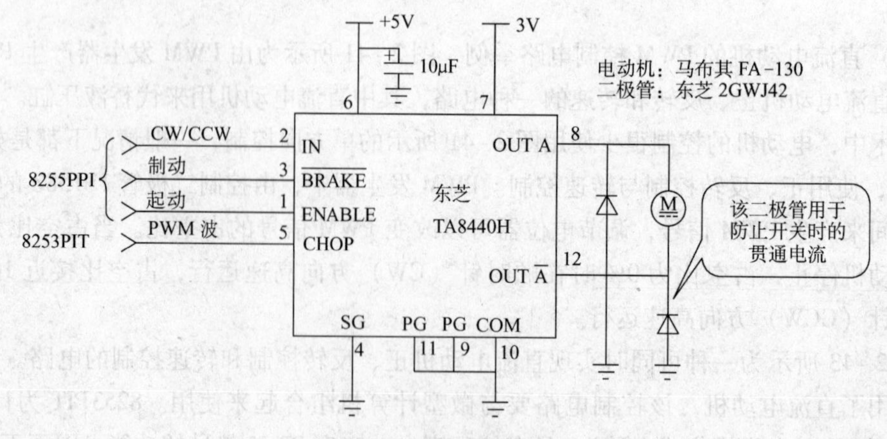

图 2-44　PWM 控制电路

4. 鉴幅型直流伺服系统

图2-45为鉴幅型直流伺服系统的原理框图。

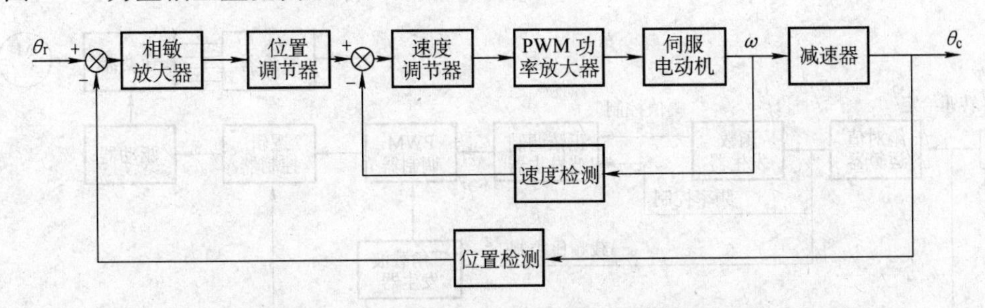

图2-45　鉴幅型直流伺服系统的原理框图

（1）位置检测与信号综合环节

1）旋转变压器。旋转变压器是一种输出电压随转角变化的角位移测量装置。

2）相敏放大器。相敏放大器也称为鉴幅器。它的功能是将交流电压转换为与之成正比的直流电压，并使它的极性与输入的交流电压的相位相适应。

3）位置检测与信号综合环节。位置检测与信号综合环节的原理框图如图2-46所示。旋转变压器组完成了位置检测和信号综合功能。放大器和相敏放大器承担了信号变换任务。

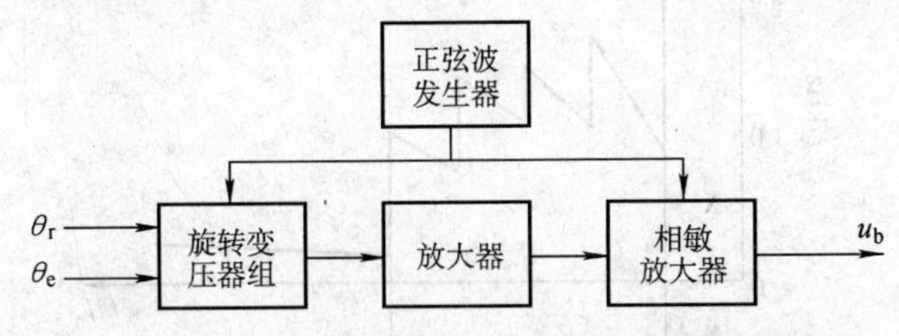

图2-46　位置检测与信号综合环节的原理框图

（2）PWM功率放大器　PWM功率放大器的基本原理是：利用大功率器件的开关作用，将直流电压转换成一定频率的方波电压，通过对方波脉冲宽度的控制，改变输出电压的平均值。有关PWM控制方式前面已有介绍，此处不再重复。

（3）减速器　减速器的任务是实现电动机与负载之间的匹配。

2.4.3　交流伺服系统

采用交流伺服电动机作为执行元件的伺服系统，称为交流伺服系统。目前常将交流伺服按其选用不同的电动机而分为两大类：同步型交流伺服电动机和异步型交流伺服电动机。采用同步型交流伺服电动机的伺服系统，多用于机床进给传动控制、工业机器人关节传动和其他需要运动和位置控制的场合。异步型交流伺服电动机的伺服系统，多用于机床主轴转速和其他调速系统。

图2-47为恒压频比控制SPWM变频调速系统的原理框图。此系统是转速开环系统。图内各框的简单作用原理如下。

1. 绝对值运算器

根据电动机正转、反转的要求，给定电位器输出的正值或负值电压。但在系统调频过程中，改变逆变器输出电压和频率仅需要单一极性的控制电压。因而设置了绝对值运算器。绝对值运算器输出单一极性的电压，输出电压的数值与输入相同。

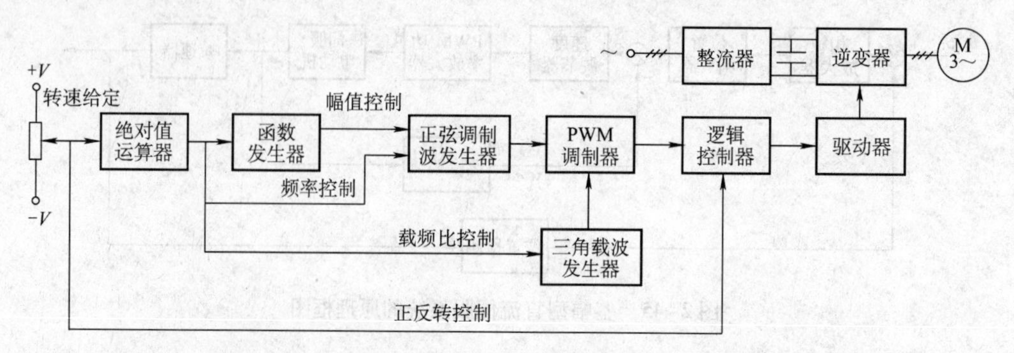

图 2-47　恒压频比控制 SPWM 变频调速系统的原理框图

2. 函数发生器

函数发生器用来实现调速过程中电压 U_1 和频率 f_1 的协调关系，即实现图 2-48 控制特性。函数发生器的输入是正比于频率 f_1 的电压信号，输出是正比于 U_1 的电压信号。

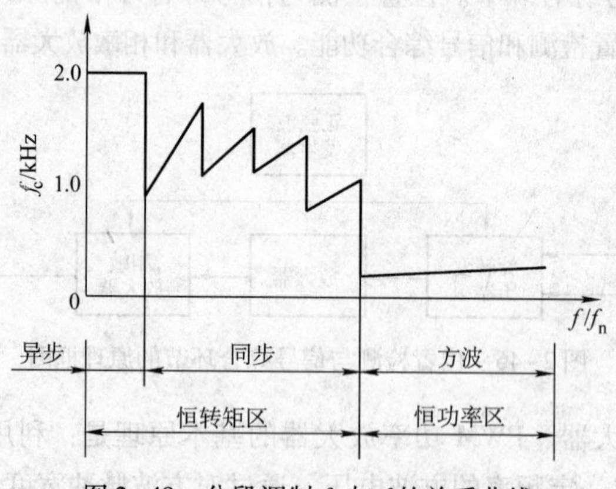

图 2-48　分段调制 f_c 与 f 的关系曲线

3. 逻辑控制器

根据给定电位器送来的正值电压、零值电压或负值电压，经过逻辑开关，使控制系统的 SPWM 波输出按正相序、停发或逆相序送到逆变器，以实现电动机的正转、停止或反转。另外，逻辑控制器还要完成各种保护控制。

载频比控制主要作用是实现图 2-48 的控制。

实际中，上述系统的控制部分可以用计算机或专用集成电路来实现，其性能更好，控制更灵活。

2.4.4　步进电动机控制系统

步进电动机控制系统有开环和闭环两种控制方式。由于开环控制系统使用位置、速度检测及反馈，没有闭环系统的稳定性问题，因此，具有结构简单、使用维护方便、可靠性高、制造成本低等优点。另外，步进电动机是受控于脉冲量，它比直流电动机或交流电动机组成的开环控制系统精度稍高，适用于精度要求不太高的机电一体化伺服系统。原来的数控机床和普通机床大多数均采用开环步进电动机控制系统。

图2-49所示为开环步进电动机控制系统框图，主要由环形分配器、功率驱动器、步进电动机等组成。

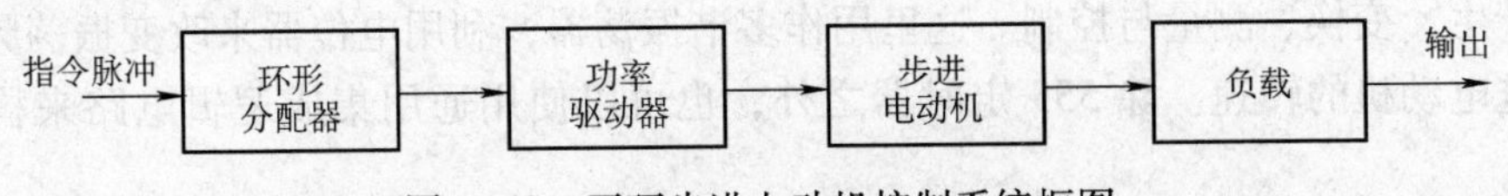

图2-49　开环步进电动机控制系统框图

1. 步进电动机

步进电动机是一种将输入脉冲信号转换成相应角位移的旋转电动机，可以实现高精度的角度控制。由于可以用数字信号直接控制，因此很容易与微型计算机相连接，是位置控制中不可缺少的执行装置。

2. 环形分配器

步进电动机在一个脉冲的作用下，转过一个相应的步距角，因而只要控制一定的脉冲数，即可精确控制步进电动机转过的相应的角度。但步进电动机的各绕组必须按一定的顺序通电才能正确工作，这种使电动机绕组的通电顺序按输入脉冲的控制而循环变化的装置称为脉冲分配器，又称为环形分配器。

3. 功率驱动器

功率驱动器实际上是一个功率开关电路，其功能是将环形分配器的输出信号进行功率放大，得到步进电动机控制绕组所需要的脉冲电流（对于伺服步进电动机，励磁电流为几安［培］，而功率步进电动机的励磁电流可达十几安［培］）及所需要的脉冲波形。步进电动机的工作特性在很大程度上取决于功率驱动器的性能，对每一相绕组来说，理想的功率驱动器应使通过绕组的电流脉冲尽量接近矩形波。但由于步进电动机绕组有很大的电感，因此要做到这一点是有困难的。

4. 使用通用集成逻辑电路的步进电动机驱动电路举例

图2-50所示为采用通用逻辑IC构成的步进电动机驱动电路。下面考查一下它的工作原理。

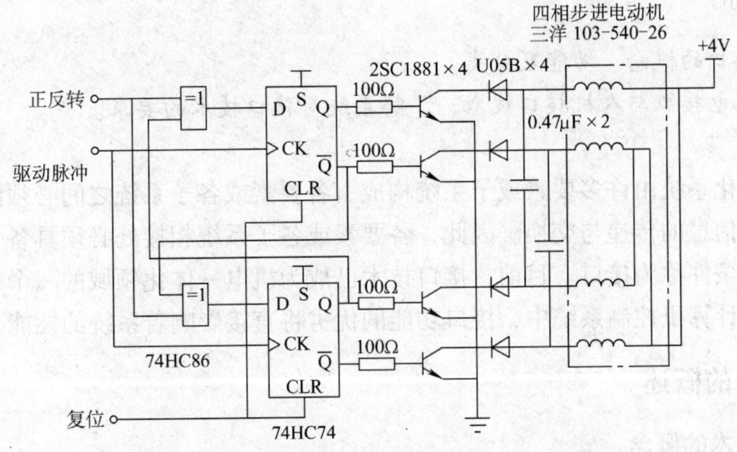

图2-50　由通用逻辑IC构成的步进电动机驱动电路

（1）由振荡器构成信号发生电路　决定步进电动机转速的驱动脉冲由函数发生器产生后，加到图2-50所示的“驱动脉冲”输入端。也可以采用555定时器等专用集成电路构成振荡器。555定时器可以方便地接成单稳态触发器和多谐振荡器等状态，常用于脉冲波形的产生、变换、测量与控制。这里用作多谐振荡器，利用电位器来改变振荡频率从而调节步进电动机的转速。除555定时器之外，也可以使用通用集成逻辑电路来构成振荡电路。

（2）脉冲分配电路　脉冲分配电路由异或门74HC86以及D触发器74HC74构成。当正、反转输入端子为“1”时电动机正转，为“0”时电动机反转。由加到驱动脉冲输入端子上的脉冲来控制电动机的转速。

（3）功率放大器　以大功率晶体管2SC1881为中心构成。图2-50中电容器和二极管的作用是，当大功率晶体管关断时，为了抑制电动机线圈的反电动势，电容器和二极管作为电气阻尼器而工作，从而抑制电动机的振荡，同时实现快速响应。

步进电动机驱动电路的种类很多，按其采用的功率元件来分，有晶闸管功率驱动器和晶体管功率驱动器等；按其主电路结构分，有单电压驱动和高、低电压驱动两种。目前广泛应用的是晶体管功率驱动器，它具有控制方便、调试容易、开关速度快等优点。

思考题

1. 简述伺服系统的结构组成。
2. 根据使用能量不同，可将伺服控制系统分为哪几类，并比较其优缺点。
3. 比较开环与闭环伺服系统的优缺点。
4. 简述改变直流伺服电动机转速和转矩的控制方式。
5. 简述鉴幅型直流伺服系统的工作原理。
6. 简述恒压频比控制SPWM变频调速系统的工作原理。

2.5 接口技术

教学目标：

1. 掌握接口的概念、功能及分类。
2. 理解机电接口与人机接口技术，了解系统对接口技术的要求。

机电一体化系统由许多要素或子系统构成，各要素或各子系统之间必须能顺利地进行物质、能量和信息的传递与交换。因此，各要素或各子系统相接处必须具备一定的联系条件，这些联系条件称为接口。目前，接口技术已成为机电一体化领域的一个重要技术，特别是在先进的计算机控制系统中，接口功能的优劣将直接影响着系统的性能。

2.5.1 接口的概述

1. 接口技术的概念

在机电一体化产品和系统中，“接口技术”是指系统中各个器件及计算机间的连接技术。因为在机电一体化产品中，微型计算机、机械设备、传感器等各主要组成部分互相传递信息，但是它们之间又不能直接连接，因此需要接口将各部分联系在一起。

如图2-51所示：一方面，机电一体化系统通过输入/输出接口将其与人、自然界及其他系统相连；另一方面，机电一体化系统通过许多接口将系统构成要素联系为一体。因此，系统的性能在很大程度上取决于接口的性能。从某种意义上讲，机电一体化系统设计归根结底就是“接口设计”。

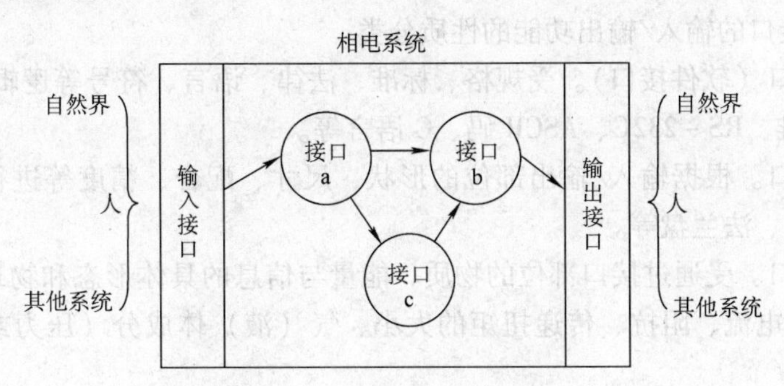

图2-51　系统内部与外部接口

接口设计的总任务是解决功能模块间的信号匹配问题，根据划分出的功能模块，在分析研究各功能模块输入/输出关系的基础上，计算并制定出各功能模块相互连接时所必须共同遵守的电气和机械的规范和参数约定，使其在具体实现时能够“直接”相连。因此，把机电一体化产品可看成是通过许多接口将组成产品的各要素的输入/输出联系为一体的系统。

2. 接口的功能

接口的功能可分为以下三种：

1）变换。两个需要进行信息变换和传输的环节之间，由于信号的模式不同（数字量与模拟量、串行码与并行码、连续脉冲与序列脉冲等）无法直接实现信息或能量的交流，通过接口完成信号或能量的统一。

2）放大。在两个信号强度相差悬殊的环节之间，经接口的放大，达到能量的匹配。

3）传递。变换和放大后的信号在环节间能可靠、快速、准确地交换，必须遵循协调一致的时序、信号格式和逻辑规范，接口具有保证信息传递的逻辑控制功能，使信息按规定的模式进行传递。

接口使组成系统的各要素连接成为一个整体。在控制和信息处理单元预期信息导引下，使各功能环节有目的协调一致的运动，实现系统的功能目标。

3. 接口的分类

在机电一体化系统中各要素和子系统之间，接口使得物质、能量、信息在连接要素的交界面上平稳地输入/输出，它是保证产品具有高性能、高质量的必要条件，有时会成为决定系统综合性能好坏的关键因素，这是由机电一体化系统的复杂性决定的。

（1）根据接口的变换和调整功能特征分类

1）零接口。不进行参数的变换与调整，即输入/输出的直接接口，如联轴器、输送管、插头、插座、导线、电缆等。

2）被动接口。仅对被动要素的参数进行变换与调整，如齿轮减速器、进给丝杠、变压器、可调电阻器以及光学透镜等。

3）主动接口。含有主动因素、并能与被动要素进行匹配的接口，如电磁离合器、放大器、光耦合器、A/D 转换器、D/A 转换器等。

4）智能接口。含有微处理器、可进行程序编制或适应条件变化的接口，如自动调速装置、通用输入/输出芯片（如 8255 芯片）、RS－232 串行接口、通用接口总线等。

（2）根据接口的输入/输出功能的性质分类

1）信息接口（软件接口）。受规格、标准、法律、语言、符号等逻辑，软件的约束，如 GB、ISO 标准、RS－232C、ASCII 码、C 语言等。

2）机械接口。根据输入/输出部位的形状、尺寸、配合、精度等进行机械联结，如联轴器、管接头、法兰盘等。

3）物理接口。受通过接口部位的物质、能量与信息的具体形态和物理条件约束，如受电压、频率、电流、阻抗、传递扭矩的大小、气（液）体成分（压力或流量）约束的接口。

4）环境接口。对周围的环境条件（温度、湿度、电磁场、放射能、振动、水、火、粉尘等）有具体的保护作用和隔绝作用（屏蔽、减振、隔热、防爆、防潮、防放射线等），如防尘过滤器、防水联结器、防爆开关等。

图 2-52 所示的机电一体化原理框图中采用了一些不同性质的接口。

（3）按照所联系的子系统不同分类　以控制微型计算机（微电子系统）为出发点，将接口分为人机接口与机电接口两大类，如图 2-53 所示。机械系统与微电子系统之间的联系必须通过机电接口进行调整、匹配、缓冲，同时微电子系统的应用使机械系统具有“智能”，达到较高的自动化，但该系统仍然离不开人的干预，必须在操作者的监控下进行，因此人机接口也是必不可少的。

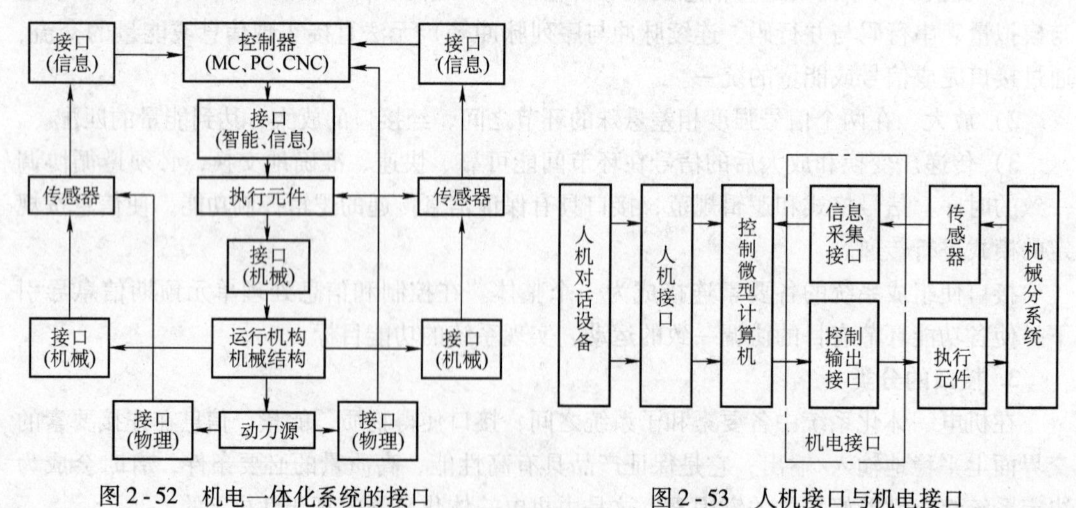

图 2-52　机电一体化系统的接口　　　　图 2-53　人机接口与机电接口

2.5.2　机电接口

微型计算机是机电一体化产品中的重要部分，对机械装置起着信息处理与控制的作用，但是微型计算机不能直接与机械装置连接，主要由于以下原因：

1）微型计算机工作速度很快，例如一般每秒可计算几百万次甚至更多，而机械装置相对来说是极其缓慢的。

2）微型计算机输出的信号是以并行方式传递的脉冲数字代码，而机械装置所能接受的无论是电流还是电压形式的信号，都与计算机所能输出的信号差别很大。

3）微型计算机所能接受的输入信号都是数字脉冲形式，而机电一体化产品的机械装置是通过传感器检测，并以信号反馈给微型计算机，这些由传感器检测来的信号大多是模拟量。

因此，微型计算机与机械装置之间必须设置接口电路，以解决工作速度慢的外围设备与计算机之间进行信息交流时所需要的接口，以及不同类型元器件之间进行连接所需要的接口。

1. 微型计算机与机械装置之间的连接

微型计算机与机械装置之间的连接方法如图 2 - 54 所示。

1）机械装置上装有检测位置、速度、加速度、力、力矩和温度等参数的传感器，传感器输出的信号通过接口电路反馈到微型计算机的输入端口。

2）输入微型计算机的反馈信号经过微机处理后，微型计算机发出控制信号。控制信号由微机的输出端口输出，再经接口电路传送给执行元件。

这里，接口电路的作用是将检测器及传感器的信号变换成微型计算机可以接收的信号，又将微型计算机发出的控制信号，变换成执行元件可以接收的信号。

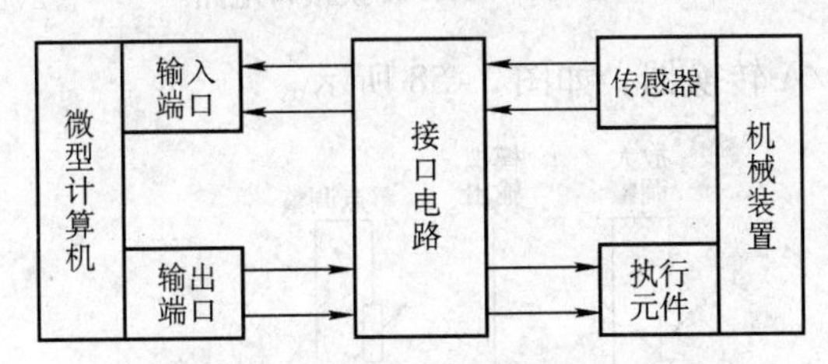

图 2 - 54　微型计算机与机械装置的连接

2. 专用输入/输出接口电路

专用输入/输出接口电路分为四类，如图 2 - 55 所示。

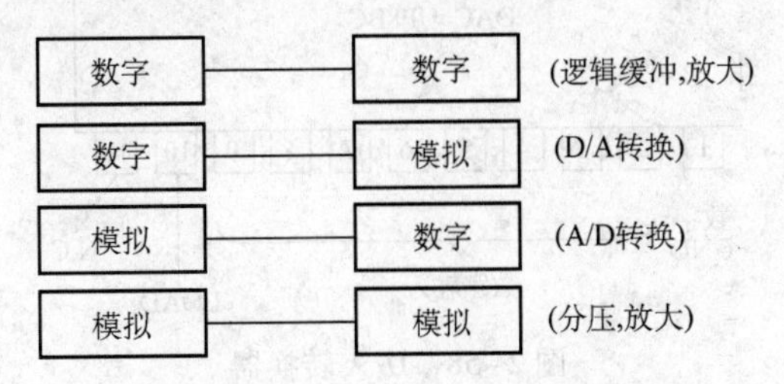

图 2 - 55　接口电路的分类

（1）数字信号 - 数字信号接口　主要起缓冲、放大和逻辑变换的作用，如图 2 - 56 所示。从微型计算机 PC - O 端口输出的数字信号经过缓冲放大器 IC 进行功率放大之后，再驱动继电器、螺线管等执行元件。

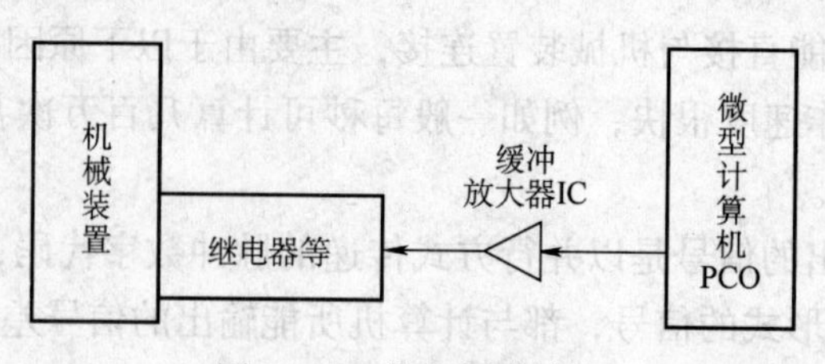

图 2-56 数字缓冲放大

(2) 数字信号-模拟信号 (D/A) 转换接口 微型计算机控制机械装置时，微型计算机输出的是“0”和“1”的数字信号，而执行元件只能接受电压或电流的模拟信号，因此需要采用图 2-57 所示的 D/A 转换接口电路。

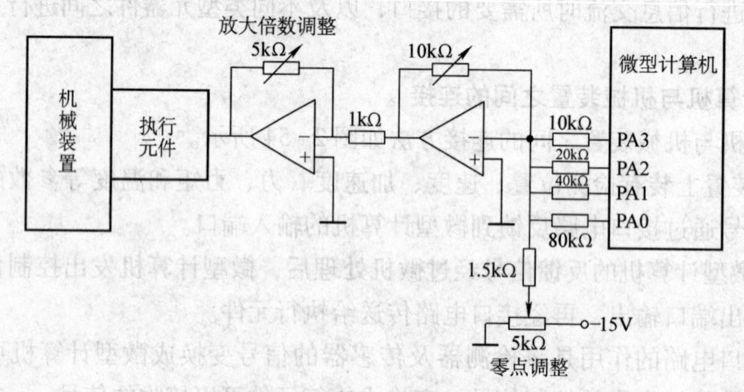

图 2-57 D/A 转换接口电路

接口电路可使用 D/A 转换器，如图 2-58 所示。

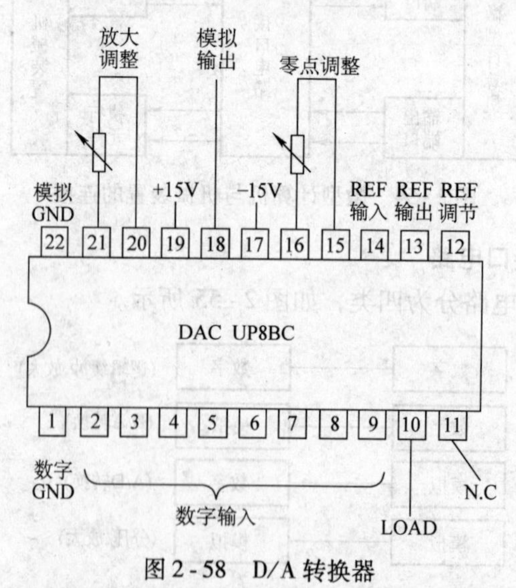

图 2-58 D/A 转换器

D/A 转换器输入的数字信号，可以是 8，10，12，16 等位数，输出的电压有：0～10V、-5～5V、0～5V、-1～1V 等四种。电源多采用 ±15V 两种电源，但也有用 5V、±5V 电源的。

总之，可根据不同的用途，选用不同的 D/A 转换器。

（3）模拟信号－数字信号（A/D）转换接口　A/D转换器能把传感器接收到的模拟信号转换成微型计算机能够处理的数字信号，转换过程与D/A转换器相反，但转换的时间较长，转换电路也比较复杂，如图2-59所示。

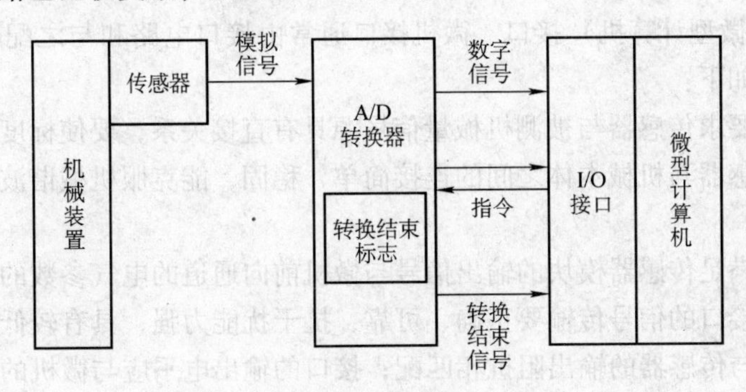

图2-59　A/D转换器连接示意图

A/D转换器中有一个标志位，标志位为“0”时，表示正在转换；标志位为“1”时，表示转换结束。

A/D转换器种类很多，按输入电压分有0~10V、－5~5V、－10~10V、－50V等；按输出数字信号的位数分有4、8、10、12、16位等；按电源电压分有±5V、±15V和5V等；按变换方式分有积分型、反馈比较型、无反馈比较型等。

（4）模拟信号－模拟信号接口　通过模拟信号－模拟信号接口，可将传感器接收到的微弱信号进行放大，或将过强的信号经过减小后再送到A/D转换器。模拟放大电路如图2-60所示。

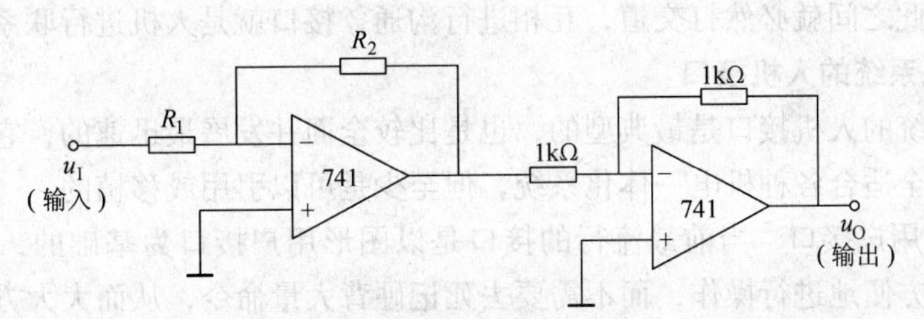

图2-60　模拟放大电路

减小信号时可采用图2-61所示的电阻分压法，分压电阻减小，负载电流就增大，输出电压就会减小。

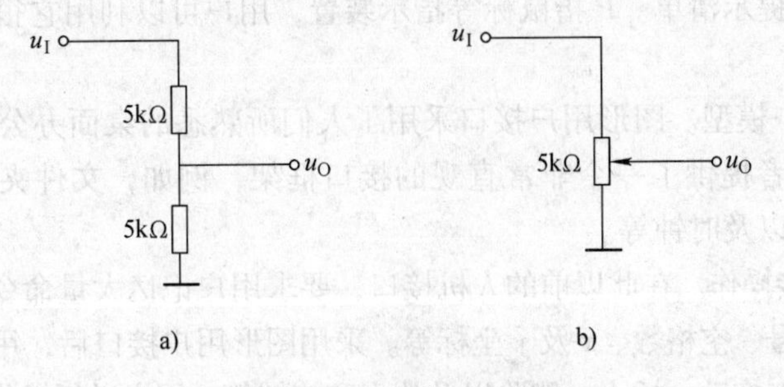

图2-61　电阻分压法电路

a）固定分压：1/2　b）可变分压：0~1

3. 系统对机电接口的要求

不同类型的接口，其设计要求有所不同。这里仅从系统的角度讨论微机接口和机械接口设计的各自要求。

（1）微机（微型计算机）接口　微机接口通常由接口电路和与之配套的驱动程序组成。其具体要求如下：

传感器接口要求传感器与被测机械量信号源具有直接关系，要使标度转换及数学建模精确、可行，传感器与机械本体之间的连接简单、稳固，能克服机械谐波干扰，正确反映对象的被测参数。

变送接口应满足传感器模块的输出信号与微机前向通道的电气参数的匹配及远距离信号传输的要求，接口的信号传输要正确、可靠，抗干扰能力强，具有较低的噪声容限；接口的输入阻抗应与传感器的输出阻抗相匹配；接口的输出电平应与微机的电平相一致；接口的输入信号与输出信号的关系应是线性关系，以便于微机进行信号处理。

驱动接口应满足接口的输入端与微机系统的后向通道在电平上一致，接口的输出端与功率驱动模块的输入端之间不仅电平要匹配还应在阻抗上匹配。另外，接口必须采取有效的抗干扰措施，防止功率驱动设备的强电信号窜入微机系统。

（2）机械接口　机械传动接口，如减速器、丝杠螺母等，要求它的连接结构紧凑、轻巧，具有较高的传动精度和定位精度，安装、维修、调整简单方便，刚度好、响应快。

2.5.3 人机接口

人和机器为了共同完成某种任务而共处于同一环境之中，机器是人与之交往的对象；因此，他们彼此之间就必然打交道，互相进行沟通，接口就是人机进行联系的物质基础。

1. 计算机系统的人机接口

计算机系统的人机接口是最典型的，也是比较全面并发展最迅速的，它的设计思想虽然并不一定完全适合各种机电一体化系统，但至少是可以引用或移植的。

（1）图形用户接口　当前最流行的接口是以图形用户接口为基础的，用户可以通过窗口、菜单等方便地进行操作，而不需要去死记硬背大量命令，从而大大方便了非专业用户。下面是这种技术的主要特点。

1）WIMP 接口技术。这里 W 指窗口，是用户的一个工作区，而一个屏幕上可以有多个窗口。I 指图符，这是形象化的图形标志，易于为人们理解。M 指菜单，它是可供用户选择的一系列功能提示清单。P 指鼠标等指示装置，用户可以利用它很方便地直接对屏幕对象进行操作。

2）采用的用户模型。图形用户接口采用了人们所熟悉的桌面办公环境使用的大量术语和图符，给使用者提供了一个非常直观的接口框架，例如，文件夹、收件箱、笔或画笔、工作簿、钥匙以及时钟等。

3）用户可直接操作。在此以前的人机接口，要求用户记忆大量命令，还要求指定操作对象的位置，如行号、空格数、x 及 y 坐标等。采用图形用户接口后，用户可直接对屏幕上的对象进行操作，如拖动、插入、删除以及放大和旋转等。用户进行操作后，屏幕上会立即给出反馈信息和结果。用看、点击鼠标代替记忆和击打键盘，给用户带来很大方便。

（2）存在的问题　当前流行的人机接口虽然在很大程度上改善了人机通信能力，但仍存在着一些问题。其主要有以下三方面的问题。

1）目前人们使用计算机时，主要靠手动眼看，结果使人的眼和手十分累，效率也不高。

2）计算机系统所拥有的资源相当庞大，但屏幕可视化的资源相对来说数量很少。从用户的需要出发去寻找特定的资源，就要迫使用户面对一屏又一屏的可视化对象作出路径选择。对于不熟悉系统资源的用户，有可能因选择错误而徘徊不前；对于熟练用户又嫌这种多次选择路径的方式过于烦琐。

3）人们的动作和思维往往带有不同程度的不确定性，而现在人机交互技术则要求精确的输入（键盘和鼠标均要求精确输入），这在一定程度上限制了用户。

（3）改进的途径

1）建立多种模式的人机接口。人的感觉通道有视觉、听觉、触觉、嗅觉、味觉和平衡等，它们通过人的眼、耳、口、鼻、舌、皮肤等使人感知，从而对事物作出判断。人不仅可以用手，还可以用语言、眼神、头部姿势、脚的动作以及身体的动作发出各种信息，与外界进行交流。将人的这些能力充分利用起来，建立与之相适应的人机接口，将会大大改善人机交互能力。

2）建立因人而异的人机接口。新的人机接口应具有一种能力，它可以对特定用户进行监控，监控用户使用机器的情况和特点，并根据所得信息，建立该用户的个性化模型。再用这个模型去分析判断该用户在使用机器过程中存在什么问题，需要给以什么样的有针对性的指导。这样，将使非专业的（即非熟练的）用户能够得心应手地去使用机器。很显然，这将是一种高度智能化的人机接口。

2. 建立机电一体化系统人机接口的原则

对计算机系统人机接口的分析，可以在为机电一体化系统建立人机接口时明确几个原则。

1）要根据系统资源的数量和特点。系统越复杂，资源就越庞大，操作起来就越困难，对人机接口的要求就越高。一部照相机或一台洗衣机，其功能简单，资源不多，对人机接口的要求不高，很容易实现。一台数控加工中心，功能就复杂得多，资源也相当丰富（资源在这里包括硬件、软件以及加工对象等），对人机接口的要求就高。至于一个计算机集成制造系统，其资源就更多（除了硬件、软件资源，还包括人、财、物各种信息和数据，市场情况，用户情况等），功能极其复杂，对人机接口就要有很高的要求。

2）要硬件和软件结合。

3）要尽量利用计算机系统成熟的人机接口。计算机技术发展迅速，应用广泛，它积累了大量成熟的人机接口技术，要充分利用和借鉴这些技术，可以节省大量开发投资。

4）要逐渐实现智能化。

思考题

1. 简述接口的定义及功能。
2. 简答连接微机与机械装置的接口电路的作用。
3. 简单说明四种专用输入/输出接口。

4. 简述系统对机电接口的要求。

5. 举例说明现有人机接口的优缺点，并设想如何加以改进。

2.6 执行装置概述

教学目标：

1. 理解什么是执行装置。
2. 掌握执行装置的定义及分类。
3. 了解三种执行装置的构造、特点、动作原理及其应用实例。

以机器人为代表的机电一体化产品，是利用位移和角度等各种传感器获得信息，由计算机进行力及其他操作量的计算，驱动“手足”等各部分运动来实现操作的。其中“驱动物体运动”的部分就是执行装置。在执行装置中，有适合大功率输出、快速运动、精确运动等不同用途的各种装置。若按使用的能源进行分类，一般可以分为电动式、液压式和气动式三种。

2.6.1 执行装置概述

1. 执行装置及其分类

执行装置就是按照电信号的指令，将来自电、液压和气压等各种能源的能量转换成旋转运动、直线运动等方式的机械能的装置。

按利用的能源分类，可将执行装置大体上分为电动执行装置、液压执行装置和气动执行装置。

在电动执行装置中，有直流（DC）电动机、交流（AC）电动机、步进电动机和直接驱动（DD）电动机等实现旋转运动的电动机，以及实现直线运动的直线电动机。此外，还有实现直线运动的螺线管和可动线圈。电动执行装置由于其能源容易获得，使用方便，所以得到了广泛的应用。

液压执行装置有液压油缸、液压马达等，这些装置具有体积小、输出功率大等特点。

气动执行装置有气缸、气动马达等，这些装置具有质量小、价格便宜等特点。

2. 执行装置的基本动作原理

直流电动机等电动执行装置，都是由电磁力来产生直线驱动力和旋转驱动力矩的，基本工作原理相同。如图2-62所示，当电流通过磁场中的线圈时，在线圈上产生电磁力，电磁力的方向按左手定则确定。使左手的食指、中指和拇指互相垂直，当食指指向磁场方向（N→S），中指指向电流流动方向时，拇指所指的方向就是所产生的电磁力方向。

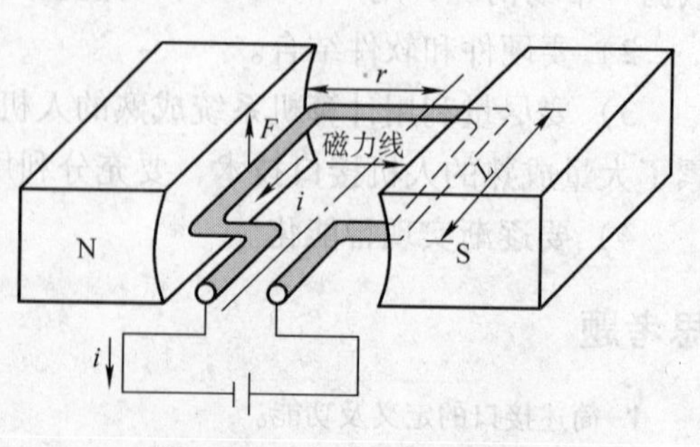

图2-62　电动机工作原理

设图中线圈的有效长度为L，磁场强度为

B，流过的电流为 i，则作用在线圈上的电磁力 F 可以表示为

$$F = BLi$$

所以，若线圈的半径为 r，则在线圈上产生的转矩 T 为

$$T = BLir$$

也就是说，电动机所产生的转矩与电流的大小成正比。

以上所述是各种电动机共同的基本工作原理。至于交流异步电动机的工作原理，是在此基础上再研究线圈内产生的感应电流，这种感应电流可以用右手定则来说明。

液压和气动执行装置的基本工作原理比较简单，即用油压或空气压力推动活塞或叶片产生直线运动的力或旋转运动的力矩。下面以液压缸和液压马达为例给出这些力和力矩的基本计算公式。

对于图 2-63 所示的液压缸，设进入油缸腔内的工作油的体积流量为 Q，活塞的有效受压面积为 A，左右两油缸腔的压力差为 ΔP，则加在活塞上的力即由液压缸所产生的力 F 可以表示为

$$F = A\Delta P \tag{2-1}$$

此外，活塞的移动速度 v 为

$$v = \frac{Q}{A} \tag{2-2}$$

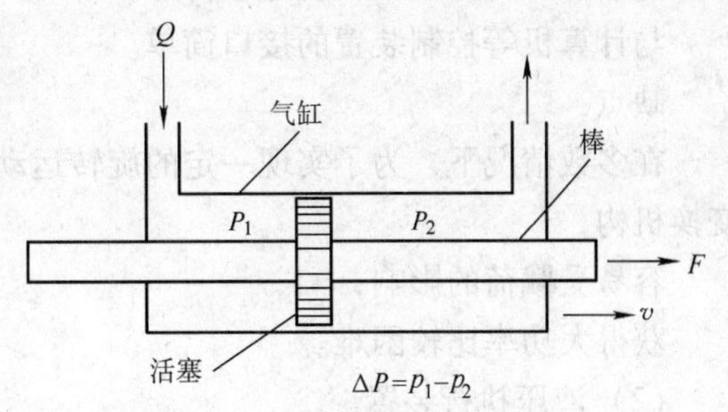

图 2-63　液压缸的工作原理

利用阀门等来调整流量，就可以很容易地控制速度，而且可以在很大的范围内调整。

根据式（2-1）、式（2-2），可以得到活塞上的功率 W（力×速度）为

$$W = Fv = A\Delta P \cdot \frac{Q}{A} = Q\Delta P$$

即，对于流体来说，功率可以用压力与流量的乘积来表示。

叶片式液压马达的构造如图 2-64 所示，由壳体和装有若干个叶片的转子组成。设供给马达的工作油流量为 Q，叶片旋转一周排出工作油的体积为 V，马达的出口和入口的压力差为 ΔP，则加到转子上的转矩，即液压马达的输出力矩 T 可以表示为

$$T = 2\pi V\Delta P \tag{2-3}$$

此外，转子的角速度 ω 为

$$\omega = \frac{Q}{2\pi V} \tag{2-4}$$

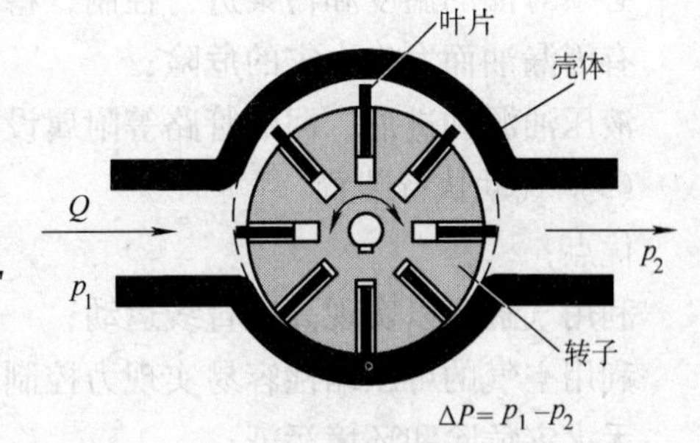

图 2-64　叶片式液压马达的工作原理

与液压缸的情况相同，通过改变流量 Q，可以方便地改变马达的转速。

由式（2-3）、式（2-4）可以得到，液压马达的输出功率 W（力矩×角速度）为

$$W = T\omega = \frac{Q}{2\pi V} \cdot 2\pi V\Delta P = Q\Delta P$$

与液压缸的情况相同，功率等于压力与流量的乘积。

对于气动执行装置，由于空气具有可压缩性（气体在压力的作用下体积缩小的性质），所以在研究问题时必须考虑到这一点。

3. 执行装置的特点与性能

下面对各种执行装置的优点和缺点进行分析。为了克服各种执行装置的缺点，人们一直在进行着大量的改进执行装置的研究工作。

（1）电动执行装置

优点：

以电源为能源，在大多数情况下容易得到；

容易控制；

可靠性、稳定性和环境适应件好；

与计算机等控制装置的接口简单。

缺点：

在多数情况下，为了实现一定的旋转运动或者直线运动，必须使用齿轮等运动传递和变换机构；

容易受载荷的影响；

获得大功率比较困难。

（2）液压执行装置

优点：

容易获得大功率；

功率/质量比大，可以减小执行装置的体积；

刚度高，能够实现高速、高精度的位置控制；

通过流量控制可以实现无级变速。

缺点：

必须对油的温度和污染进行控制，稳定性较差；

有因漏油而发生火灾的危险；

液压油源和进油、回油管路等附属设备占空间较大。

（3）气动执行装置

优点：

利用气缸可以实现高速直线运动；

利用空气的可压缩性容易实现力控制和缓冲控制；

无火灾危险和环境污染；

系统结构简单，价格低。

缺点：

由于空气的可压缩性，高精度的位置控制和速度控制都比较困难；

虽然撞停等简单动作速度较高，但在任意位置上停止的动作速度很慢；

能量效率较低。

表2-3给出了各种执行装置的性能比较。电动执行装置虽然有功率不能太大的缺点，但由于其良好的可控性、稳定性和对环境的适应性等优点，在许多领域都得到了广泛的应

用。电动执行装置在有利于环境保护的电动汽车和混合能源汽车上也有希望得到应用。液压执行装置的最大优点是输出功率大，因此，在轧制、成型、建筑机械等重型机械上和汽车，飞机上都得到了应用。气动执行装置由于其质量小、价格低、速度快等优点，适用于工件的夹紧、输送等生产线自动化方面，应用领域也很广。此外，在一些可以利用气体可压缩性的领域，也希望使用气动执行装置。

表2-3　各种执行装置的性能比较

比较项目	电动式	液压式	气动式
输出功率/质量比	小	大	中
快速响应特性	中，约20Hz	大，约100Hz	小，约10Hz
简单动作速度	慢	一般	快
控制特性	良好	一般	差
减速机构	需要	不需要	不需要
占用空间	小	大	大
使用环境	良好	差	良好
可靠性	良好	差	一般
防爆性能	差	一般	良好
价格	一般	高	低

在开发和改进执行装置时要考虑的问题有：①功率/质量比；②体积和质量；③响应速度和操作力；④能源及自身检测功能；⑤成本及使用周期；⑥能量的效率等。

2.6.2　电动执行装置

1. 直流伺服电动机

（1）特点　直流伺服电动机，只要接上直流电源就可以运转，这是直流电动机的一大优点。而且，直流伺服电动机作为控制电动机，具有起动转矩大、体积小、质量小、转矩和转速容易控制、效率高等许多突出的优点。

它的缺点是，由于转子上安装了具有机械运动的电刷和换向器，需要定时维护、更换电刷，因此存在使用周期短和噪声大等问题。此外，直流电动机与步进电动机（参见本节）不同，在位置控制和速度控制时，必须使用角度传感器来实现闭环控制。

（2）构造与工作原理　直流伺服电动机构造如图2-65所示，由永磁体定子、转子（电枢）、电刷和换向器构成。前面已经介绍了其工作原理，即当电流通过电刷、换向器流入处于永磁体磁场中的电枢绕组时，就会在左手定则（磁场方向：食指；电流方向：中指；力的方向：拇指）确定的方向上产生电磁力，驱动转子转动。为了得到连续的旋转运动，就必须随着转子的转动角度不断改变电流方向，因此，必须有电刷和换向器。

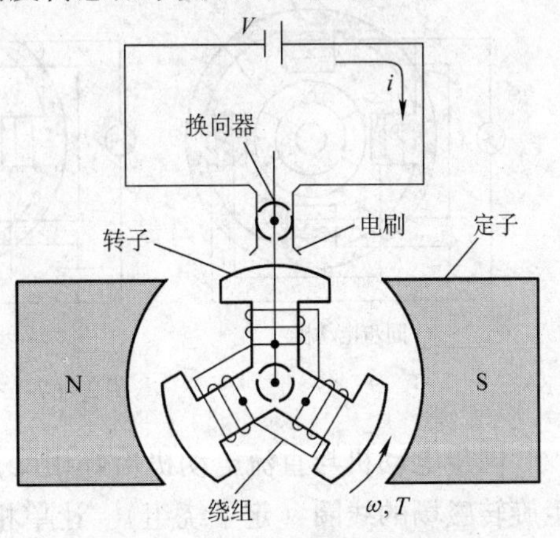

图2-65　直流伺服电动机的构造

（3）特性与驱动方法　直流电动机的转矩—转速特性如图2-66所示。由图2-66可知改变直流电动机的电压或电流，就可以成比例地控制其转速和转矩，这是直流电动机的最大特点。

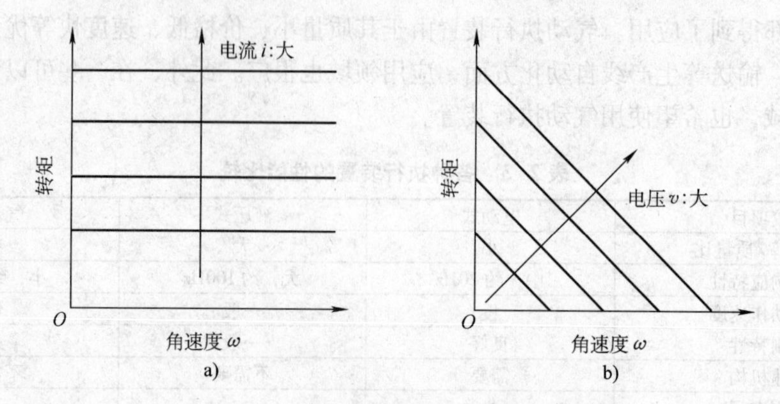

图2-66　直流电动机的转矩—转速特性

a）电流控制　b）电压控制

直流电动机的驱动方法有两种。在第2.4节中已有叙述，在此不再重复。

2. 交流伺服电动机

（1）特点　交流伺服电动机的最大优点是因没有电刷和换向器而不需要维护，也没有产生火花的危险；缺点是与直流电动机相比驱动电路复杂、价格高。

近年来，随着机电一体化技术的发展，逐渐攻克了许多技术难题。因此，交流伺服电动机在工业机器人和NC机床等许多领域内得到了广泛应用。特别是用电子转换向器代替机械换向器的无刷电动机，由于继承了有刷电动机的良好控制性能，因此，在机电一体化领域已成为非常有用的电动执行装置。

（2）工作原理与种类　交流伺服电动机按结构可分为同步电动机和异步电动机。转子是由永磁体构成的为同步电动机，转子是由绕组形成的电磁铁构成的为异步电动机。此外，还有前面提到的无刷电动机。这些电动机的构造如图2-67所示。

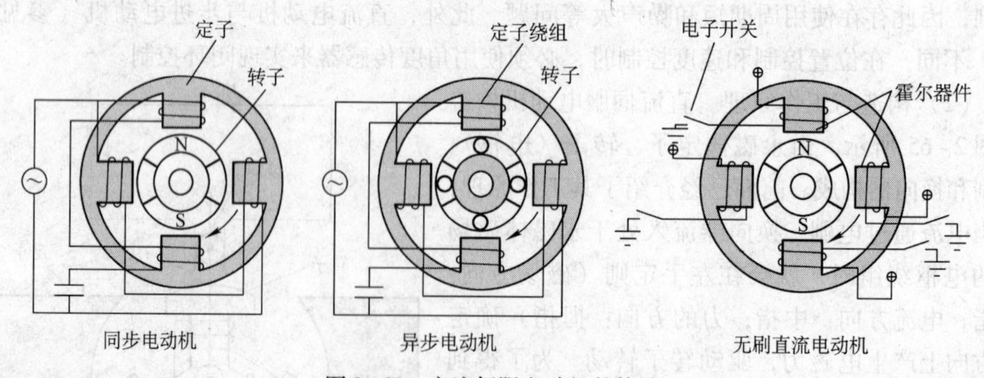

图2-67　交流伺服电动机的构造

同步电动机与直流电动机恰好相反，它是将永磁体装在转子上，而定子上装有能够产生旋转磁场的线圈（定子绕组）。让单相或者三相交流电流通过定子绕组，在定子上产生旋转磁场。旋转磁场与转子磁场相互作用驱动转子转动。由于这种电动机体积小，所以主要应用在要求响应速度快的中等功率以下的工业机器人和机床领域。

异步电动机的转子和定子都装有绕组，定子绕组称为一次绕组，转子绕组称为二次绕组。也有的转子绕组用铝合金等导体金属铸成的鼠笼形框架代替，其工作原理如下：

如图 2-68 所示，假设磁场沿顺时针方向旋转。为了分析问题方便，可以假设旋转磁场固定不动，而相对的定子绕组沿逆时针方向旋转，这时根据右手定则（右手的食指指向磁场方向，中指指向电流方向，拇指指向速度方向）可知转子绕组中将产生感应电动势，有感应电流流动。于是，当磁场中的转子绕组上有电流流动时，就会在左手定则确定的方向，即顺时针方向上产生电磁力矩，使转子沿旋转磁场的相同方向旋转。由于异步电动机的转子惯性矩可以做得很小，所以响应速度很快，主要应用于中等功率以上的伺服系统。

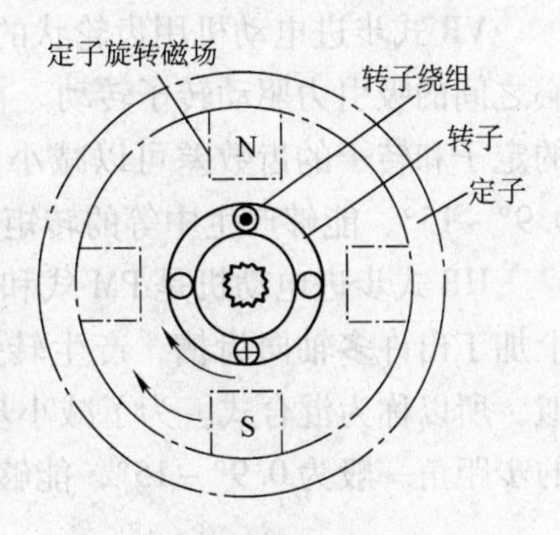

图 2-68　异步交流电动机的工作原理

无刷直流电动机的构造与同步电动机相同，转子由永磁体构成。直流伺服电动机用电刷和换向器构成机械式换向机构，而无刷伺服电动机用磁极检测传感器、转角传感器和晶体管换向器（半导体开关构成的直流－交流转换器）组成电子式换向装置。

3. 步进电动机与直接驱动电动机

（1）特点　步进电动机也称为脉冲电动机，每当输入一个脉冲时，电动机就旋转一个固定的角度（这个固定的角度称为步距角）。因此，电动机转过的角度与输入的脉冲总数成正比，电动机的转速与输入脉冲的频率成正比。这种电动机的最大优点是不需要传感器，不需要反馈，就可以实现开环控制；由于可以直接用数字信号控制，所以与计算机的接口比较容易；因为没有电刷，所以维护方便、使用周期长；此外，它还具有启动、停止、正转、反转、容易控制等许多优点。

步进电动机的缺点是能量效率较低，失步（输入脉冲而电动机未转动）等。

（2）工作原理与种类　步进电动机按产生转矩的方式可以分为永磁体（Permanent Magnet，PM）式、可变磁阻（Variable Reluctance，VR）式（也称为反应式）和混合（Hybrid，HB）式。步进电动机的构造如图 2-69 所示。

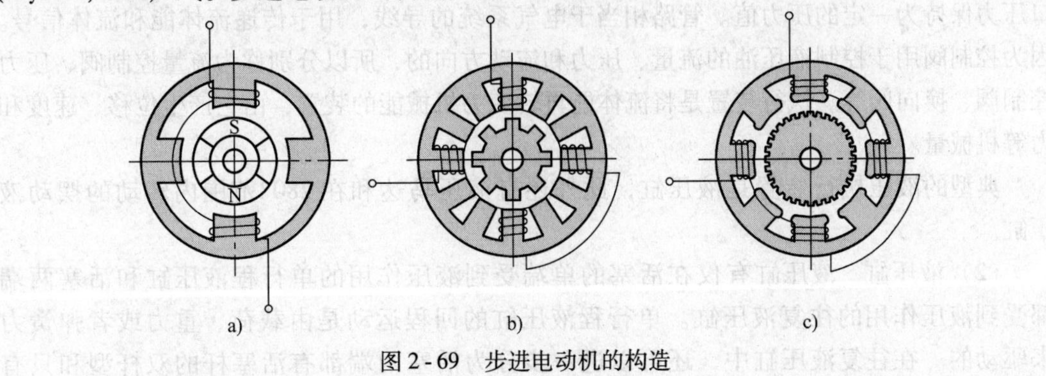

图 2-69　步进电动机的构造

a）PM 式　b）VR 式　c）HB 式

PM 式步进电动机用沿圆周方向磁化的圆柱形永磁体作转子，周围是定子，在定子电磁铁和转子永磁体之间的排斥力和吸引力的作用下，驱动转子转动，步距角为 7.5°~90°，产生的转矩较小。这种电动机多用于计算机的外围设备和办公设备。

VR 式步进电动机用齿轮状的铁心作转子，周围是电磁铁定子。定子电磁铁与转子铁心之间的吸引力驱动转子转动。在定子磁场中，转子始终转向磁阻最小的位置。选择适当的定子和转子的齿数差可以减小步距角，使转子旋转平稳。这种电动机的步距角一般为 0.9°~15°，能够产生中等的转矩。

HB 式步进电动机是 PM 式和 VR 式的复合形式。在永磁体转子和电磁铁定子的表面上加工出许多轴向齿槽，产生转矩的原理与 PM 式相同，转子和定子的形状与 VR 式相似，所以称为混合式。为了减小步距角可以在结构上增加转子和定子的齿数。这种电动机的步距角一般为 0.9°~15°，能够产生较大的转矩，所以应用较广。

2.6.3 液压与气动执行装置

1. 液压执行装置

(1) 液压系统 液压系统由液压泵、减压阀、管路、控制阀、执行装置等组成，如图 2-70 所示。

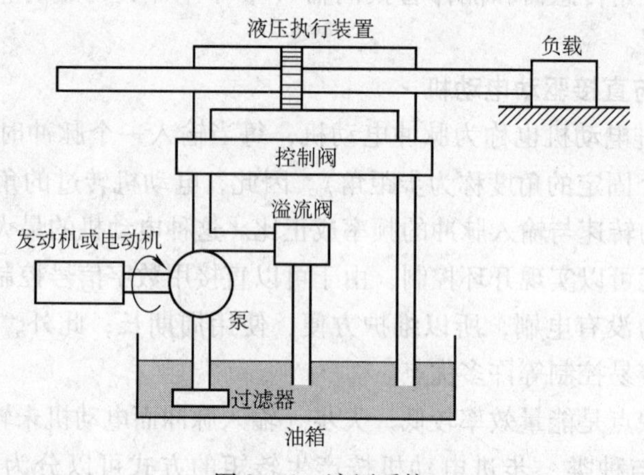

图 2-70 液压系统

液压泵将电动机或发动机驱动的旋转机械能转变为流体能。减压阀用于将液压泵的出口压力保持为一定的压力值。管路相当于电气系统的导线，用于传递流体能和流体信号。因为控制阀用于控制液压油的流量、压力和流动方向的，所以分别称为流量控制阀、压力控制阀、换向阀等。执行装置是将流体能再转变为机械能的装置，由它产生位移、速度和力等机械量。

典型的液压执行装置是液压缸，此外还有液压马达和在 280°范围内转动的摆动液压缸。

(2) 液压缸 液压缸有仅在活塞的单端受到液压作用的单行程液压缸和活塞两端都受到液压作用的往复液压缸。单行程液压缸的回程运动是由载荷、重力或者弹簧力来驱动的。在往复液压缸中，还可以进一步分为活塞两端都有活塞杆的双杆型和只有一端有活塞杆的单杆型两种。在液压伺服系统中，一般都采用控制性能好的往复双杆型液压缸。

对于液压缸的基本特性，即产生的力和活塞运动速度等在第2.6.1节中已经作过介绍。

(3) 液压马达　就像电动机与发电机的输入、输出关系恰好相反一样，液压马达与液压泵的输入、输出关系也恰好相反，两者的构造基本相同。

液压马达可以大致分为叶片马达（见图2-64）、齿轮马达和活塞式马达（见图2-71）等。叶片马达的结构是在转子的径向上插入若干（通常为9~13）片叶片，叶片的悬伸部分在液压的作用下产生转矩。叶片马达具有输出转矩平稳、噪声低、转矩/重量比高等优点。

齿轮马达的结构与齿轮泵一样，都是由两个齿轮和壳体构成，由左右两个口的压力差来决定旋转方向。齿轮马达具有结构简单、质量小、价格便宜、抗振动等优点。

活塞式马达分为径向活塞式马达和轴向活塞式马达，如图2-71所示。径向活塞式马达各活塞与曲轴之间通过连杆连接，与曲轴连为一体的旋转阀控制各个液压缸按顺序供油，使曲轴能够连续转动。活塞式马达虽然结构复杂，但效率较高。

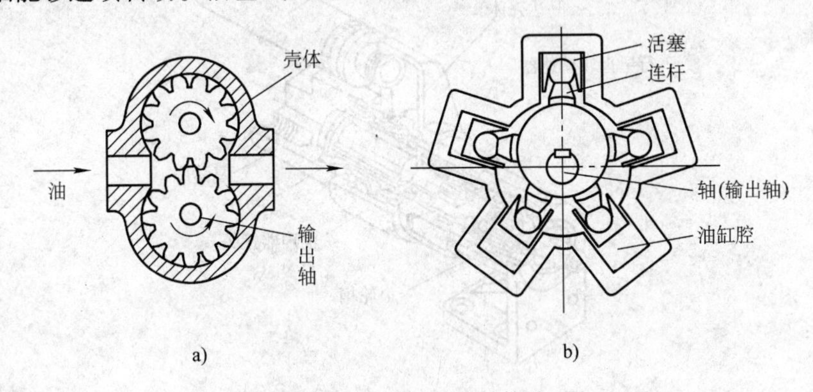

图2-71　液压马达的构造
a) 轴向活塞式马达　b) 径向活塞式马达

2. 气动执行装置及控制阀

(1) 气动系统　气动系统的基本构成如图2-72所示。其由空气压缩机、二次冷却器、储气罐、干燥机、过滤器、减压阀、管道、控制阀及气动执行装置构成，下面对气动系统与液压系统的不同之处进行说明。

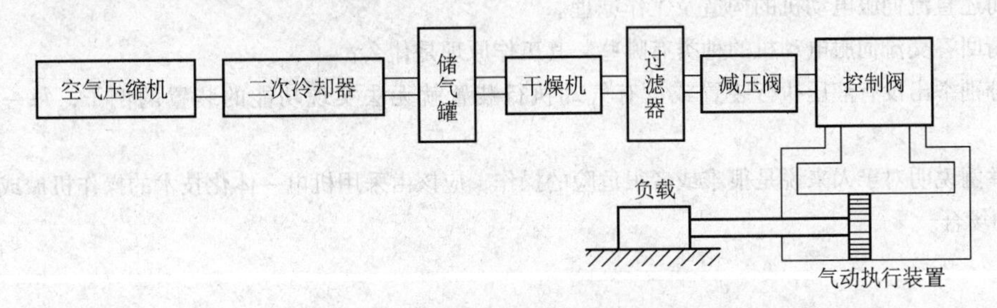

图2-72　气动系统的基本构成

空气压缩机由内燃机或电动机驱动，将旋转机械动力转化为流体的动力。二次冷却器对空气压缩机提供的空气进行水冷或者气冷。储气箱中储存压缩空气，使系统在负荷变化时能够保持一定的气压，并且在停电等意外情况时能够实现紧急处理，同时还能够吸收空气压缩机产生的压力的波动。干燥机，顾名思义是用来干燥空气压缩机产生的湿度较高的气体，减压阀则是用于将管路中供给的高压气体转变成一定的供压状态。

气缸是典型的气动执行装置，此外还有气动马达和摆动式气动执行装置。气动执行装置本质上与液压执行装置相同，但因为空气的可压缩性及油的润滑性，二者有一些细微的差别。

（2）气动马达 典型的气动马达有叶片式气动马达（图2-73）和径向活塞气动马达。其工作原理与液压马达相同。气动机械的噪声较大，有时要安装消声器。叶片式气动马达的优点是转速高、体积小、质量小，其缺点是启动力矩较小。这种气动马达的转速可以达到25 000r/min，在气动工具中应用较多。径向活塞气动马达的优点是输出功率大、启动转矩高，其缺点是结构复杂体积大。

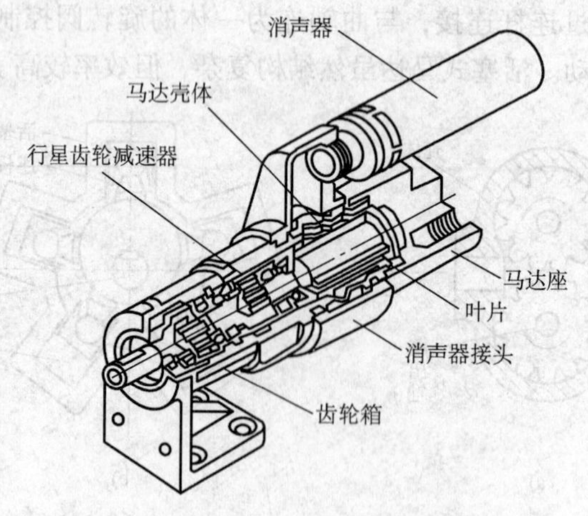

图2-73 叶片式气动马达的结构

思考题

1. 试举出五项评价家用电器产品或者汽车上使用的执行装置的性能指标，按其重要程度的顺序列出，并说明理由。

2. 请阐述三种执行装置的优缺点及性能特点。

3. 简述直流伺服电动机的构造及工作原理。

4. 请回答交流伺服电动机的种类有哪些，其工作原理是什么？

5. 分别举出没有液压执行装置或没有气动执行装置就无法实现功能的装置的例子，每一种举出两个。

6. 举例说明对于人来说是很难或者很危险的操作，应该由采用机电一体化技术的操作机械或机器人来实现的场合。

2.7　气动与液压技术

教学目标：

1. 了解气压与液压传动的基本原理。
2. 了解气压与液压传动系统的基本构成。
3. 了解气压与液压传动系统中主要元件的结构和作用。
4. 了解气压传动与液压传动的优、缺点。

液压传动与气压传动统称为流体传动，它们都是利用有压流体（液体或气体）作为工作介质来传递动力或控制信号的一种传动方式，是实现各种生产控制、自动控制的重要手段之一。

不论液压传动还是气压传动，相对于机械传动来说，都是一门新兴的技术。从 17 世纪中叶，帕斯卡提出静压传递原理、18 世纪末英国制成第一台水压机开始算起，液压传动有二三百年的历史，目前其在机床、工程机械、农业机械、运输机械、冶金机械等许多机械装置特别是重型机械设备中得到非常广泛的应用，并渗透到工业的其他各个领域中，成为工业领域中一门非常重要的控制和传动技术。

气动技术由风动技术和液压技术演变、发展而来，作为一门独立的技术门类至今约 50 年。由于气压传动是采用空气进行操作的，因此环境污染小、工程实现容易，在自动化领域中充分显示出了它强大的生命力和广阔的发展前景。目前气动技术在机械、电子、钢铁、运输车辆、橡胶、纺织、轻工、化工、食品、包装、印刷、烟草等各个制造行业，尤其在各种自动化生产装备和生产线中得到了非常广泛的应用，成为当今应用最广，发展最快，也最易被接受和重视的技术之一。

2.7.1　气、液压传动基本工作原理

液压与气压传动的基本工作原理非常相似，在气、液传动系统中，执行元件在控制元件的控制下将传动介质（压缩空气或液压油）的压力能转换为机械能，从而实现对执行机构运动的控制。

图 2 - 74 和图 2 - 75 所示为液（气）压执行机构（液压缸、气压缸）的活塞在控制元件（换向阀）的控制下实现运动的过程。

图 2 - 74 所示为单作用液压（气）缸动作控制示意图。按下换向阀 4 的按钮前，进油（气）口 5 封闭，单作用缸的活塞 2 由于弹簧的作用力处于缸体的左侧。按下按钮后，换向阀切换到左位，使液压油（压缩空气）进口 5 与缸的左侧腔体（无杆腔）相通，液压油（压缩空气）推动活塞克服摩擦力和弹簧的反向作用力，向右运动，带动活塞杆向外伸出。松开按钮，换向阀在弹簧力的作用下回到右位，进油（气）口 5 再次封闭，单作用缸的无杆腔与排油（气）口 6 相通，由于油（气）压作用在活塞左侧的推力消失，在缸内复位弹簧弹力的作用下，活塞缩回。这样就实现了单作用缸活塞杆在油（气）压和

弹簧作用下的直线往复运动。

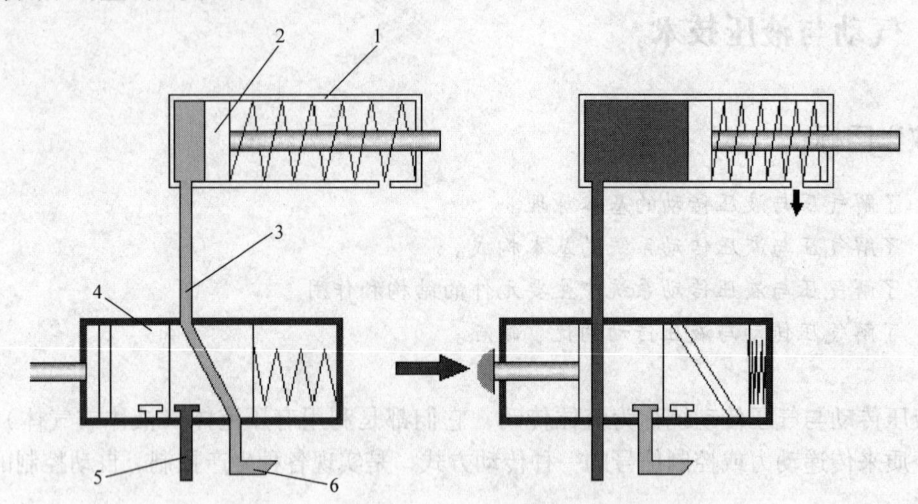

图2-74　单作用液压（气）缸动作控制示意图
1—单作用缸　2—活塞　3—连接管　4—按钮式二位三通换向阀
5—进油（气）口　6—排油（气）口

图2-75所示为双作用液压（气）缸动作控制示意图。对于双作用缸，在按下换向阀4的按钮前，其左腔（无杆腔）与排油（气）口6连通，右腔（有杆腔）与液压油（压缩空气）进口5相通，在液压油（压缩空气）的压力作用下使活塞处于缸体左侧，活塞杆处于缩回状态。按下按钮后，换向阀切换至左位，使双作用缸左腔与进油（气）口5相通，右腔与排油（气）口6相通，压力作用推动活塞向右运动，带动活塞杆伸出。松开按钮，换向阀4复位，气、液的压力作用在活塞右侧，使活塞杆缩回。通过这种方式就可以使双作用缸的活塞杆在油（气）压作用下进行直线往复运动。通过图2-74和图2-75可以看出单作用缸活塞仅有一个方向上的运动是通过压缩空气或液压油的压力来实现的；而双作用缸活塞的双向往复运动都是在压力作用下实现的。

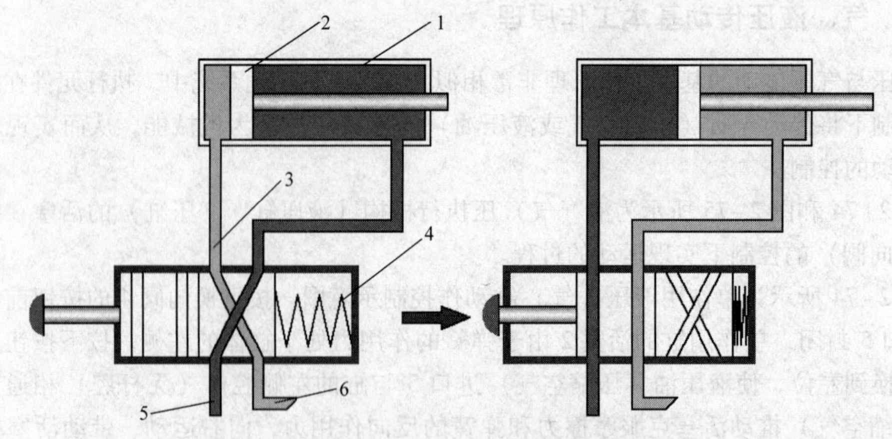

图2-75　双作用液压（气）缸动作控制示意图
1—双作用缸　2—活塞　3—连接管　4—按钮式二位四通换向阀
5—进油（气）口　6—排油（气）口

2.7.2　气压与液压传动系统的构成

一个完整的气动或液压系统主要由以下几部分构成：

1）能源部件：把机械能转换成空气或液压油的压力能的装置。

2）控制元件：对气压和液压系统中的压力、流量和流动方向进行控制和调节的元件。

3）执行元件：把空气或液压油的压力能转换成机械能的装置。

4）辅助装置：指除以上三种装置以外的其他装置。如各种管接头、过滤器、压力表等，它们起着连接、储存、过滤和测量等辅助作用，对保证气动和液压系统可靠、稳定、持久地工作有着重大作用。

1. 能源部件

能源部件主要有空气压缩机和液压泵，其结构示意图如图2-76所示。

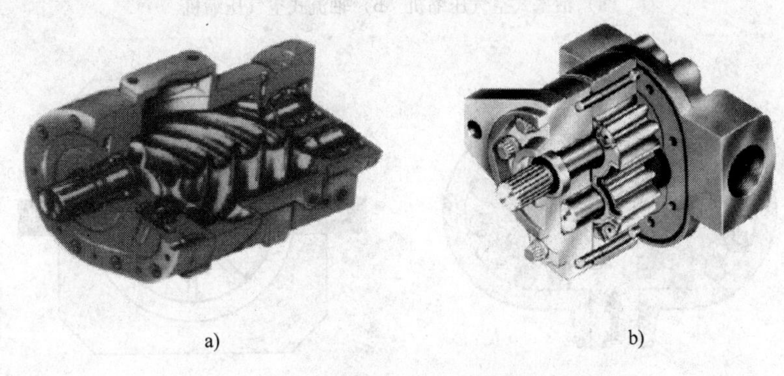

a)　　b)

图2-76　空气压缩机和液压泵结构示意图

a）空气压缩机　b）液压泵

（1）空气压缩机　空气压缩站（简称空压站）是为气动设备提供压缩空气的能源部件，是气动系统的重要组成部分。空气压缩机简称空压机是空压站的核心装置，它的作用是将电动机输出的机械能转换成压缩空气的压力能供给气动系统使用。

按工作原理的不同，空气压缩机可分成容积式和速度式，其工作原理示意图如图2-77所示。容积式空气压缩机的工作原理是将一定量的连续气流限制于封闭的空间里，通过缩小气体的容积来提高气体的压力。在速度式空气压缩机中，气体压力的提高则是通过使气体分子在高速流动时突然受阻而停滞下来，让动能转化为压力能而实现的。容积式空气压缩机按结构不同可分为活塞式、膜片式和螺杆式等；速度式空气压缩机按结构不同可分为离心式和轴流式等。

（2）液压泵　液压系统一般由电动机、液压泵、油箱、安全阀等所组成的泵站作为其动力装置。液压泵是液压系统的动力源，它将电动机或原动机输入的机械能，转换为液压油的压力能，来驱动液压执行元件动作，其工作原理示意图如图2-78所示。液压泵都是依靠密封容积变化来进行吸油和排油的，所以称为容积式液压泵。液压泵按其在单位时间内所能输出的油液的体积是否可调节分为定量泵和变量泵；按结构形式则可分为齿轮泵、叶轮泵以及柱塞泵三大类。

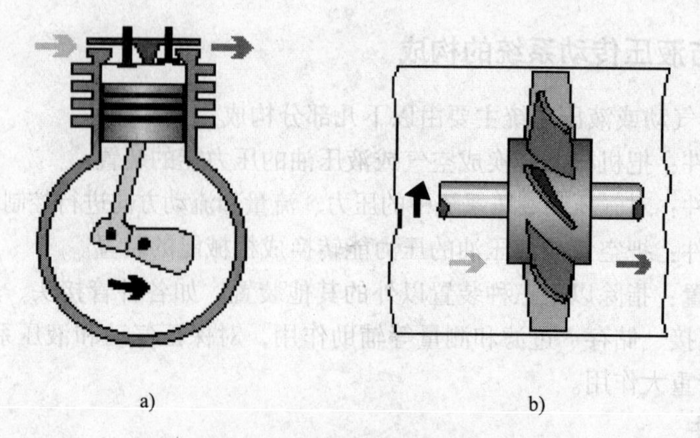

图 2-77　空气压缩机工作原理示意图
a）活塞式空气压缩机　b）轴流式空气压缩机

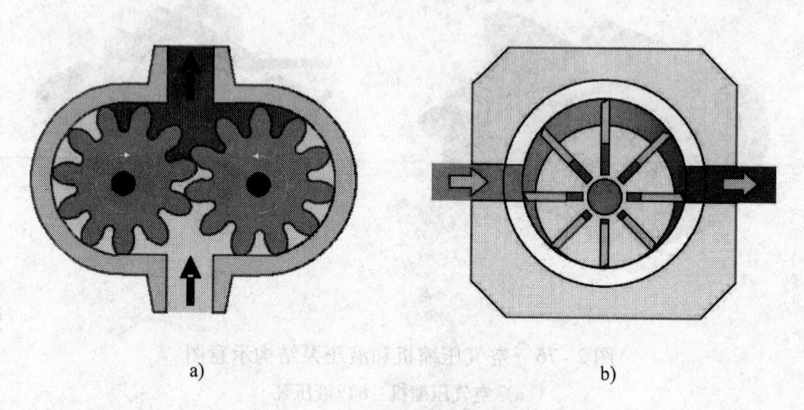

图 2-78　液压泵工作原理示意图
a）外啮合齿轮泵　b）叶轮泵

2. 控制元件

组成一个气动或液压回路的目的是驱动用于各种不同目的的机械装置按要求完成动作。由此应对与机械装置直接连接的各种类型的执行元件的三个基本量：运动方向、运动速度和力的大小进行控制，使之符合设计要求。而运动方向、运动速度和力的大小这三个量的控制是分别靠方向控制阀、流量控制阀和压力控制阀这三种控制元件来实现的，即：方向控制阀用于控制气动执行元件的运动方向；流量控制阀用于控制气动执行元件的运动速度；压力控制阀用于控制气动执行元件输出力的大小。

（1）方向控制阀　方向控制阀是用来控制气体流动方向和气流通断的气动控制元件。其结构示意图如图 2-79 所示。气动元件中，方向控制阀的种类最为繁多，按其作用特点可以分为：单向型控制阀（单向阀）和换向型控制阀（换向阀）。其实物图如图 2-80 所示。

单向阀是用来控制液流方向，使液体只能单向通过的方向控制阀。换向阀的功能主要是改变气、液流动通道，使气、液流动方向发生变化从而改变执行元件的运动方向。换向阀是气压和液压传动系统中最主要的控制元件。换向阀按控制方式分类主要有人力控制、机械控制、气压控制和电磁控制四类。

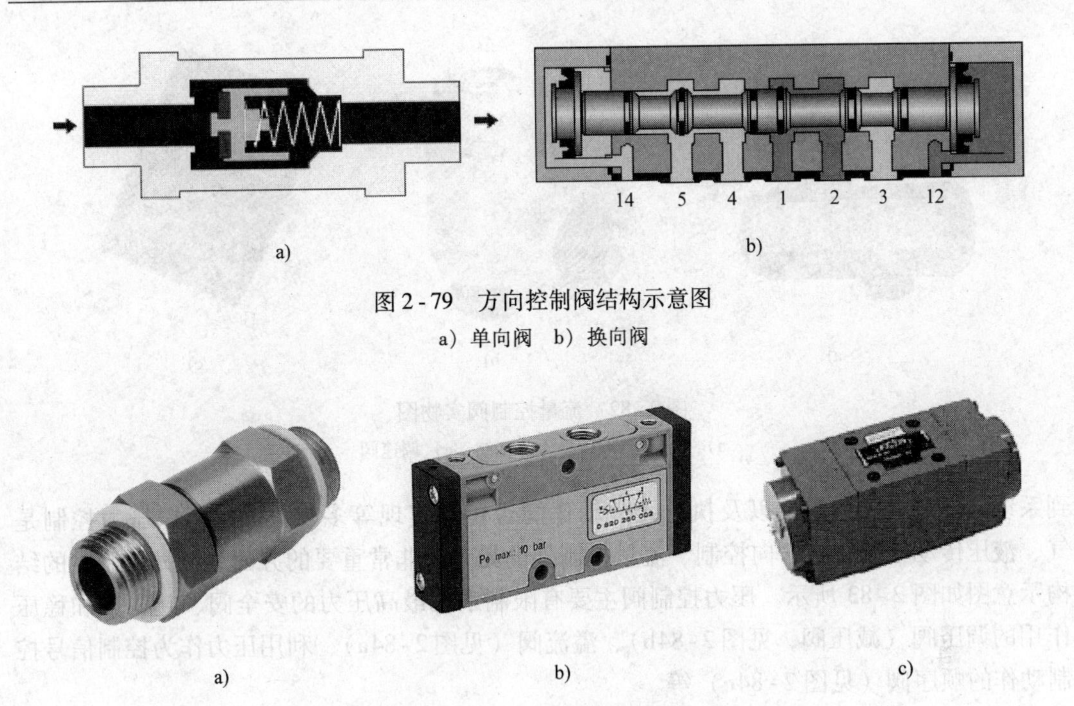

图 2-79　方向控制阀结构示意图

a）单向阀　b）换向阀

图 2-80　方向控制阀实物图

a）单向阀　b）气动换向阀　c）液压换向阀

（2）流量控制阀　在气、液压传动系统中执行元件的运动速度控制可以通过调节压缩空气或液压油的流量来实现。从流体力学的角度看，流量控制就是在管路中制造局部阻力，通过改变局部阻力的大小来控制流量的大小。凡用来控制气体流量的阀，均称为流量控制阀，其结构示意图如图 2-81 所示。在气、液压传动系统中，流量控制阀主要有节流阀、单向节流阀、调速阀等，其实物图如图 2-82 所示。

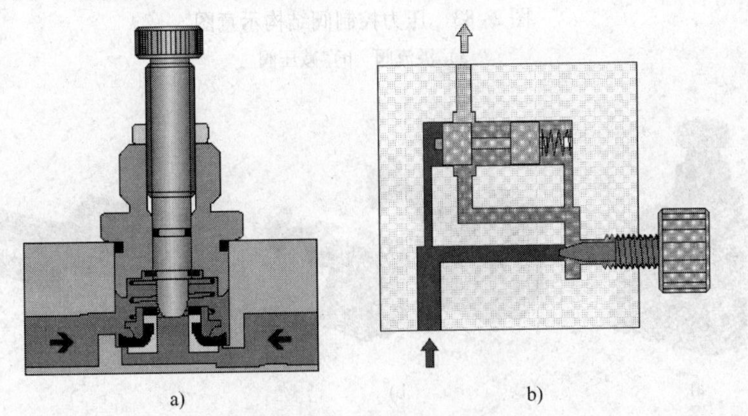

图 2-81　流量控制阀结构示意图

a）单向节流阀　b）调速阀

（3）压力控制阀　压力控制主要指的是控制、调节气、液压系统中压缩空气或液压油的压力，以满足系统对压力的要求。它不仅是维持系统正常工作所必需的，同时也关系

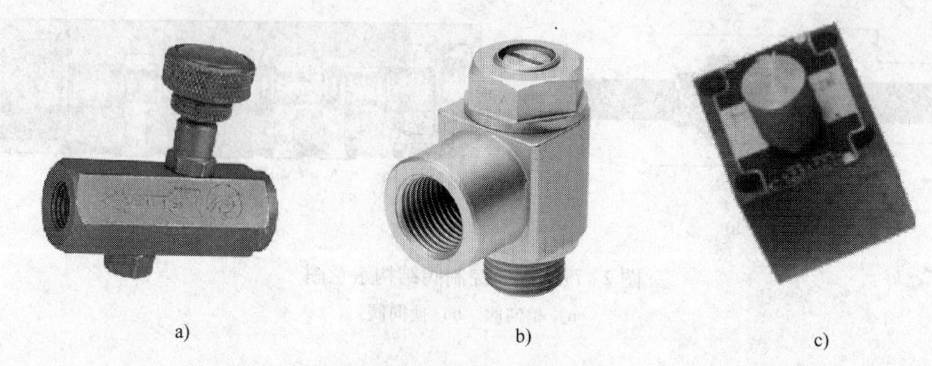

图 2-82 流量控制阀实物图

a）节流阀 b）单向节流阀 c）调速阀

到系统的安全性、可靠性以及执行元件动作能否正常实现等多个方面，所以压力控制是气、液压传动控制中除方向控制、流量控制外的另一个非常重要的方面。压力控制阀的结构示意图如图 2-83 所示。压力控制阀主要有限制系统最高压力的安全阀、起调压和稳压作用的调压阀（减压阀，见图 2-84b）、溢流阀（见图 2-84a）、利用压力作为控制信号控制动作的顺序阀（见图 2-84c）等。

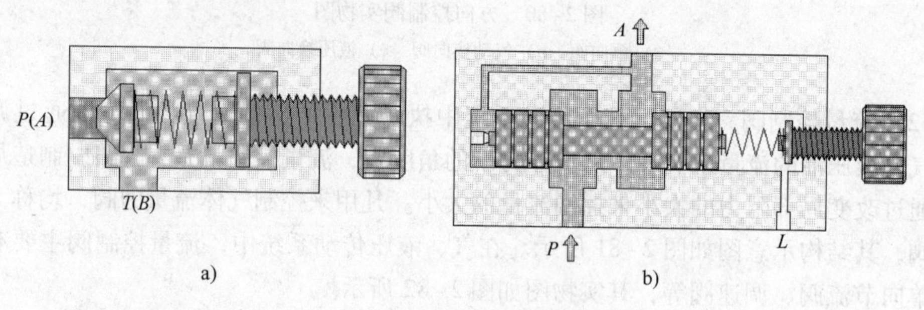

图 2-83 压力控制阀结构示意图

a）溢流阀 b）减压阀

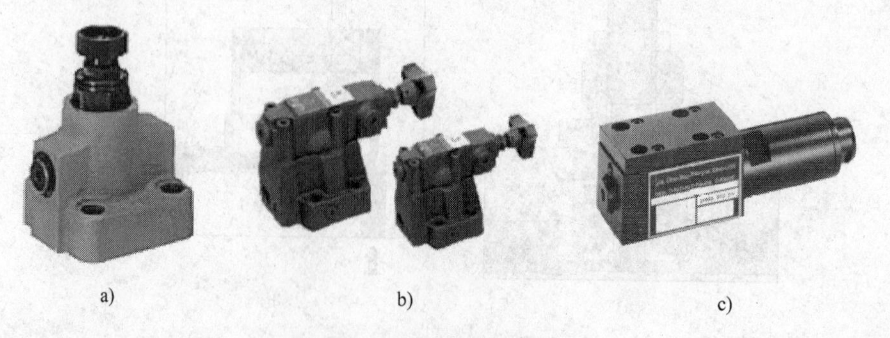

图 2-84 压力控制阀实物图

a）溢流阀 b）减压阀 c）顺序阀

3. 执行元件

在气、液压传动系统中执行元件是将流体所具有的压力能转换为机械能的能量转换装置。它主要包括气（液压）缸和气（液压）马达两大类，气（液压）缸主要指的是输出直线运动或输出摆动运动的执行元件，气（液压）马达则是指输出旋转运动的执行元件。

(1) 气（液压）缸　气（液压）缸是气、液压传动系统中使用最多的一种执行元件，按其结构形式可以分成活塞缸、柱塞缸和摆动缸三类。活塞缸和柱塞缸实现往复直线运动，输出推力或拉力和直线运动速度；摆动缸则能实现小于360°的往复摆动，输出角速度（转速）和转矩。气（液压）缸和其他机构相配合，可完成各种运动。实现直线运动的气（液压）缸有两种基本类型：单作用缸和双作用缸。

单作用缸只能对进油（气）腔一侧的活塞或柱塞加压，因此只能单方向做功。反向回程要靠重力、弹簧力或重力负载实现，多用于行程较短以及对活塞杆输出力和运动速度要求不高的场合；双作用缸主要由缸体、活塞和活塞杆组成，其活塞两侧都可以被加压，因此它可以在两个方向上做功，相对于单作用缸它可以获得更稳定的输出力和更长的行程，其实物图如图2-85所示。

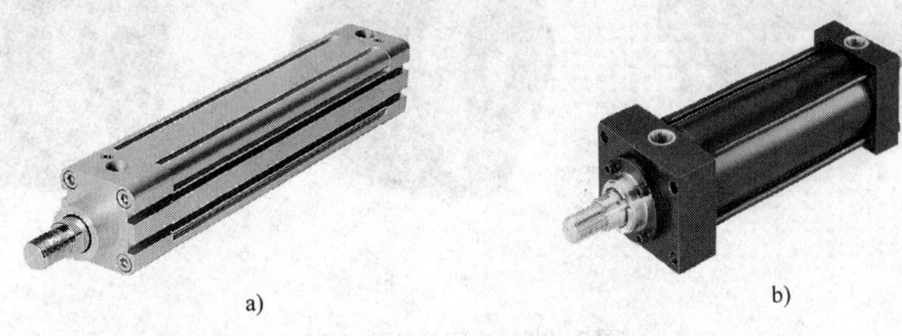

a)　　b)

图2-85　双作用缸实物图

a）双作用气缸　b）双作用液压缸

摆动缸是利用压缩空气或液压油驱动输出轴在一定的角度范围内的做往复摆动的执行元件，多用于物体的转位、工件的翻转、阀门的开闭等场合，其实物图如图2-87所示。摆动缸按结构特点可分为叶片式、齿轮齿条式两大类，其结构示意图如图2-86所示。

(2) 气（液压）马达　气（液压）马达是利用压缩空气或液压油的压力能驱动工作部件做连续旋转运动的执行元件。按结构形式气（液压）马达可分为叶片式、活塞式（柱塞式）和齿轮式三类，其实物图如图2-88所示。

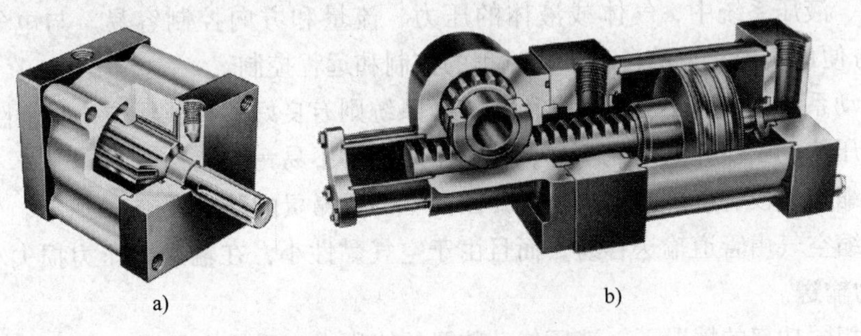

a)　　b)

图2-86　摆动缸结构示意图

a）叶片式摆动缸　b）齿轮齿条式摆动缸

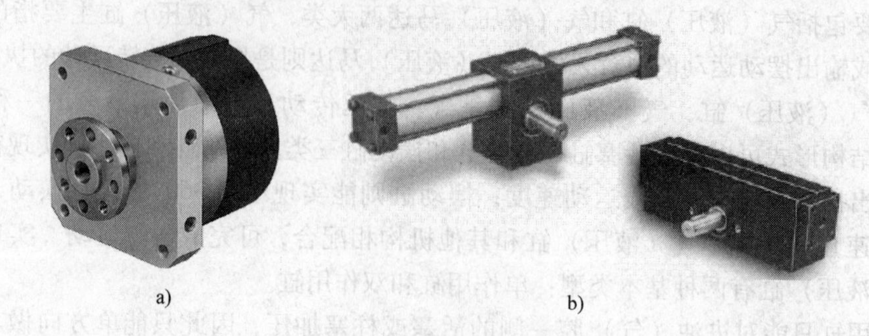

图 2-87 摆动缸实物图
a）摆动气缸 b）摆动液压缸

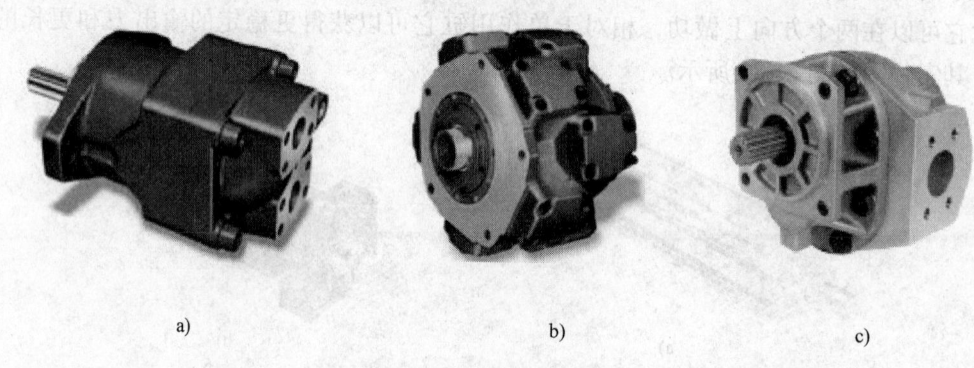

图 2-88 液压马达实物图
a）叶片式 b）柱塞式 c）齿轮式

2.7.3 气、液压传动的特点

综合各方面因素，液压与气动传动技术所以能在很短的时间内得到迅速的发展和广泛的应用，是由于它们有许多突出的优点：

1）在液压与气动系统中执行元件的速度、转矩、功率均可作无级调节，且调节简单、方便。

2）气、液压系统中，气体或液体的压力、流量和方向控制容易。与电气控制相配合，可以方便地实现复杂的自动工作过程的控制和远程控制。

3）气动系统过载时不会发生危险，液压系统则有良好的过载保护，安全性高。

4）气压传动工作介质用之不尽，取之不竭，且不易污染。

5）压缩空气没有爆炸和着火危险，因此不需要昂贵的防爆设施。

6）压缩空气由管道输送容易，而且由于空气黏性小，在输送时压力损失小，可进行远距离压力输送。

7）在相同功率的情况下，液压传动装置的体积小，质量小，惯性小，结构紧凑。

8）液压传动输出力大，通过液压泵很容易就可以得到有很高压力（20～30MPa）的液压油，把此压力油送入液压缸后即可产生很大的输出力，可达 700～3000N/cm^2。

9）液压传动的传动介质是液压油，能够自动润滑，元件的使用周期长。

液压与气动传动也存在一定的不足之处，它们的主要缺点是：

1）由于泄漏及气体、液体的可压缩性，使气、液压传动无法保证严格的传动比，这一缺点在气动系统中尤为明显。

2）气压传动传递的功率较小，气动装置的噪声也大，高速排气时要加消声器。

3）由于气动元件对压缩空气要求较高，为保证气动元件正常工作，压缩空气必须经过良好的过滤和干燥。

4）相对于电信号，气动控制远距离传递信号的速度较慢，不适用于需要高速传递信号的复杂回路。

5）液压传动常因有泄漏，而易造成环境污染。另外油液易被污染，从而影响系统工作的可靠性。

6）液压元件制造精度要求高，加工、装配比较困难，使用维护要求严格，在工作过程中发生故障不易诊断。

7）在液压系统中油液混入空气后，易引起液压系统爬行、振动和噪声，使系统的工作性能受影响并缩短元件使用周期。

8）液压系统中由于油液具有黏性，采用油管传输压力油，压力损失较大，所以不宜进行远距离输送。

思考题

1. 什么是气压传动和液压传动?
2. 请简要说明单作用缸和双作用缸的活塞杆是如何在换向阀控制下实现伸缩动作的。
3. 气、液压传动系统主要由哪几大类部件构成，它们分别有什么作用?
4. 在气、液压传动系统中最主要的能源部件分别是什么，它们是如何实现空气和液压油压力的提高的?
5. 在气、液压传动系统中控制元件主要分几类，它们分别有什么控制作用?
6. 什么是执行元件？其运动方式可分为哪几类，主要有哪些元件?
7. 气压传动方式有哪些优点和缺点?
8. 液压传动方式有哪些优点和缺点?

2.8　可靠性技术

教学目标:

1. 掌握可靠性的基本概念及指标。
2. 认识可靠性分析模型。
3. 了解提高系统可靠性的途径。

机电一体化系统及产品要能正常发挥其功能，首先必须稳定、可靠的工作。可靠性是系统和产品的主要属性之一，是考虑到时间因素的产品质量，对于提高系统的有效性、降低在使用周期的维修费用和防止产品发生故障都具有重要意义。可靠性高意味着故障少、使用周期长、维修费用低；可靠性低意味着故障多、使用周期短、维修费用高。

2.8.1　可靠性的基本概念及指标

1. 可靠性的定义

可靠性的定义是：产品在规定的条件下和规定的时间内完成规定功能的能力，它包括以下四项内容：

1）产品。即可靠性研究的对象，它可以是一个零件，一部设备或一个由若干零部件、设备组成的系统。

2）规定的条件。这些条件包括运输条件、储存条件和使用条件，如载荷、温度、压力、湿度、辐射、振动等。此外，使用方法、维修方法和操作人员的技术水平等对设备或系统的可靠性也有很大影响。任何产品如果被误用或滥用都可能引起损坏。

3）规定的时间。可靠性是有时间要求的，产品只能在一定的时间内达到目标可靠度，规定时间长短不同，产品的可靠性也不同。这里的时间是广义的，不单指小时数、天数等，根据产品的不同，有时可能是应力循环数、转数或里程数等相当于时间的量。

4）规定的功能。产品的可靠性不能脱离“规定的功能”。“完成规定的功能”就是能够连续地保持产品的工作能力，使各项技术指标符合规定值。如果产品不能完成规定的功能，就称为失效；对于可修复的产品，也称为故障。可见失效（或故障）是一种破坏产品工作能力的事件，失效（或故障）越频繁，可靠性就越低。

2. 可靠性指标

可靠性指标是可靠性量化分析的尺度。衡量可靠性高低的数量指标有两类：一类是概率指标，一类是寿命指标，它们一般都是时间的函数。

机电一体化系统及产品常用的可靠性指标有：

1）可靠度 $R(t)$。可靠度是指产品在规定的条件下和在规定的时间内，完成规定功能的概率，用 $R(t)$ 表示，$0 \leqslant R(t) \leqslant 1$。例如：有100个轴承，在规定的条件和时间内，有1个失效，其余99个还可继续工作，则这种轴承的可靠度为0.99。

2）失效率 $\lambda(t)$。产品工作到 t 时刻后的单位时间内发生失效的概率称为失效率，以 $\lambda(t)$ 表示。它反映任一时刻失效概率的变化情况。

失效率和时间的关系可用图2-89所示“浴盆”曲线来表示，它反映了产品的失效规律。这条曲线明显地分为三个阶段：早期失效期、偶然失效期、耗损失效期。

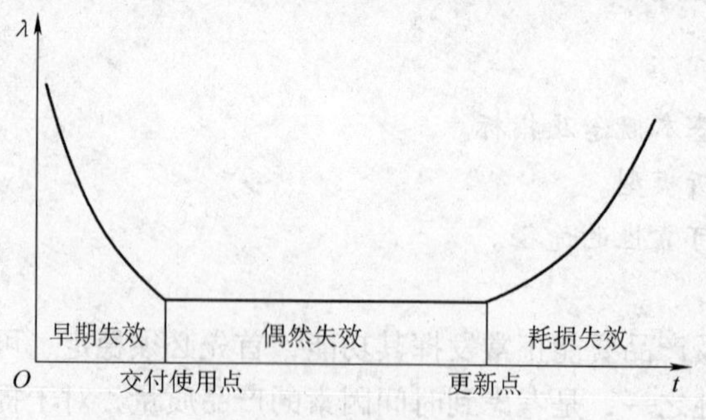

图2-89　产品的失效率

早期失效期的特点是失效率高，且随时间的增加而迅速下降。这种失效一般由元器件质量缺陷以及制造工艺缺陷引起，出现在系统运行的初期，可以采取相应的优化设计以及制造工艺措施来消除。

偶然失效发生在系统运行一段时间以后的故障偶发阶段，其特点是失效率低且保持稳定，是系统运行的最佳状态，失效率往往看成一个常数，它决定了系统的有效寿命。

耗损失效是出现在产品使用的后期，其特点是失效率随时间的增加而迅速上升。这是由于元器件的衰老和磨损引起的，说明产品的寿命将尽。

3）平均使用周期。产品从使用开始，直到发生故障，所经历的时间称为产品的使用周期，而平均使用周期是指一批产品的使用周期平均值。对于不可修复的产品，平均使用周期用 MTTF（平均失效前时间）表示；对可修复的产品，用 MTBF（平均无故障工作时间）来表示。例如：有 100 台仪器，在规定的使用条件下工作 1000h，有 10 台发生故障，则这批仪器平均使用周期的点估计值是

$$\text{MTBF} = 100 \times 1000/10\text{h} = 10000\text{h}$$

4）平均维修时间 MTTR。有些产品，人们不但关心它发生故障概率的高低，而且关心它发生故障后能否迅速地修复。由于故障发生的原因、部位以及维修条件不同等复杂因素的影响，故维修时间是一个随机变量。产品每次故障后所需维修时间的平均值称为平均维修时间，用 MTTR 表示。维修时间包括查找故障时间、排除故障时间以及清理验证时间等。

例如，某产品在使用过程中发生 5 次故障，其维修时间分别是 1、1.5、2、3、3.5h，则

$$\text{MTTR} = (1 + 1.5 + 2 + 3 + 3.5)/5\text{h} = 2.2\text{h}$$

5）有效度 $A(t)$。前面所讲的可靠度是指系统在规定的工作时间内正常运行（不考虑维修）的概率，它表示了故障前的时间段内的可靠度；但大多数系统在发生故障后是可以修复的，这样系统处于正常工作的概率就会增大。可靠度和维修度综合起来的可靠性指标，就称为有效度 $A(t)$，又称为可用度。

有效度的定义是：在可维修系统中、在规定的工作条件和维修条件下、在某一特定的瞬时系统正常工作的概率。

例如，某发电机组，平均使用周期为 500h，平均修理时间为 50h，则平均有效度为

$$A = \text{MTBF}/(\text{MTBF} + \text{MTTR}) = 500/(500 + 50) = 0.91$$

2.8.2　可靠性分析模型

可靠性设计就是事先考虑产品可靠性的一种方法，其目的是：使产品在完成预定功能的前提下，取得性能、质量（指重量）、成本、使用周期等各方面的协调，设计出高可靠性的产品。它包括以下几方面的内容：

1. 确定产品的可靠性指标及其量值

可靠性指标是整个可靠性工程所要达到的目标，必须正确地选择。可靠性指标有许多个，如可靠度 $R(t)$、平均无故障工作时间（MTBF）等。这些指标从不同侧面反映产品的可靠性水平，设计时应根据产品的设计和使用要求来选择，并要重视过去的经验、用户的要求及市场调查。

例如：对一般机床数控系统可采用 MTBF 为 3000h 作为可靠性指标；对工程机械，常规定有效度为 0.90；对焊接、喷漆等工业机器人，一般要求其 MTBF 为 2000h，机器人有效度为 0.98；对于不可修复或难修复的产品，如卫星、导弹等，一般采用可靠度为其可靠性指标。

2. 产品的失效分析

失效是产品的一种破坏方式，产品不可靠就是由产品在使用过程中发生失效引起的。产品的失效分析就是要确定产品的失效模式及其产生的原因。对于机电一体化系统而言，由于它是由各种零部件组成，零部件的失效将造成系统失效，因此，零部件的失效模式是产品失效模式的组成部分。如机械零件的磨损和断裂、电子元器件的击穿等。此外，产品还有其本身独特的失效模式，如机械传动误差、电子设备的电磁干扰和数字电路的竞争冒险等。在进行可靠性设计时，应尽量减少产品的失效模式，特别是那些重要的和致命的失效模式，并延缓失效的发生时间。

3. 产品的可靠性分析

产品的可靠性与其组成的零部件的可靠性之间存在一定的定量关系，可靠性分析的目的就是要建立这种关系。

常用的方法是：根据产品的组成原理和功能绘出可靠性逻辑图，建立可靠性数学模型，把产品的可靠性特征量（如失效率、可靠度等）表示为零部件可靠性特征量的函数，然后根据已知各零部件的可靠性数据计算出产品的可靠性，进行可靠性预测。

下面介绍几种可靠性分析模型的可靠性分析方法。

（1）串联系统　在串联系统中，只要有一个单元功能失效，整个系统的功能也随之失效，故又称非储备系统，其可靠性逻辑框图如图 2-90 所示。

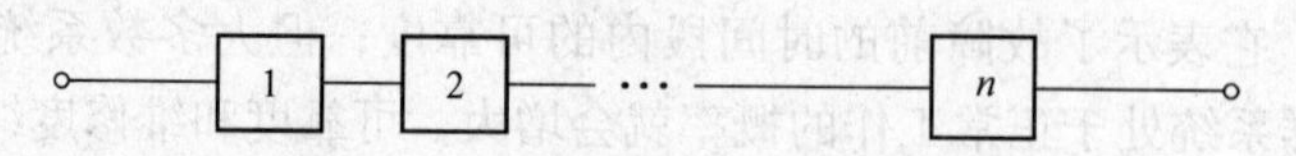

图 2-90　串联系统可靠性逻辑框图

串联系统的可靠度等于组成系统的各独立单元可靠度的连乘积，即

$$R_s(t) = \prod_{i=1}^{n} R_i(t)$$

式中　$R_s(t)$——串联系统的可靠度；

$R_i(t)$——组成串联系统第 i 个独立单元的可靠度；

n——组成串联系统的独立单元数。

在串联系统中，对系统可靠度影响最大的是系统中可靠度最差的单元。要提高系统的可靠度，应注意提高该薄弱单元的可靠度。

（2）并联系统　并联系统分为工作储备（冗余）系统和非工作储备（非冗余）系统。

1）工作储备系统。工作储备系统也称热储备系统，在该系统中，所有零部件一开始就同时工作，其中任一个零部件都能单独地支持整个系统工作；构成系统的元器件，只有在全部发生故障后，整个系统才不能工作。其可靠性逻辑框图如图 2-91 所示。

工作储备系统的可靠度计算公式为

$$R_s(t) = 1 - \prod_{i=1}^{n}[1 - R_i(t)]$$

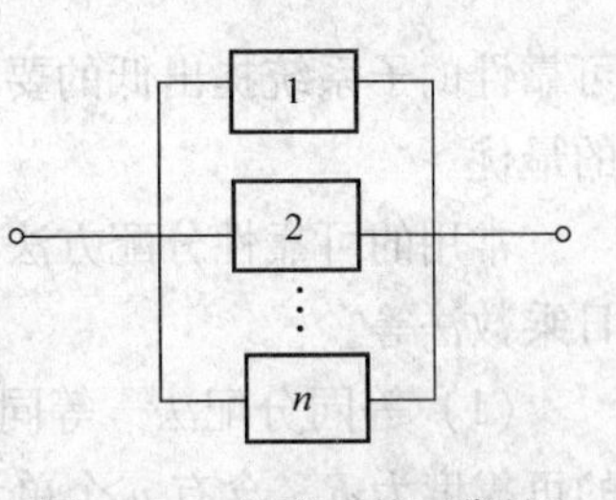

图2-91　并联系统可靠性逻辑框图

工作储备系统的可靠度大于各单元中可靠度的最大值，组成系统的单元数 n 越多，系统可靠度也越高；但是并联的单元数越多，系统的结构也越复杂，尺寸、重量和造价也越大。在机械系统中，一般仅在关键部位采用并联单元，其数量也较少，常取 $n=2$ 或 $n=3$。

2）非工作储备系统。非工作储备系统也称冷储备系统，其结构类似于工作储备系统。但在该系统中，只有某一个元器件处于工作状态，其他的元器件处于非工作的待命状态，一旦工作元器件出现故障，处于待命的元器件立即转入工作状态。一般来说，非工作储备系统的可靠性比工作储备系统高，但是非工作储备系统存在一个状态转换开关的可靠性问题。

（3）混联系统　所谓混联系统即有串联和并联混合组成的系统，可分为串-并联系统和并-串联系统两种，其可靠性逻辑框图分别如图2-92a、b所示。

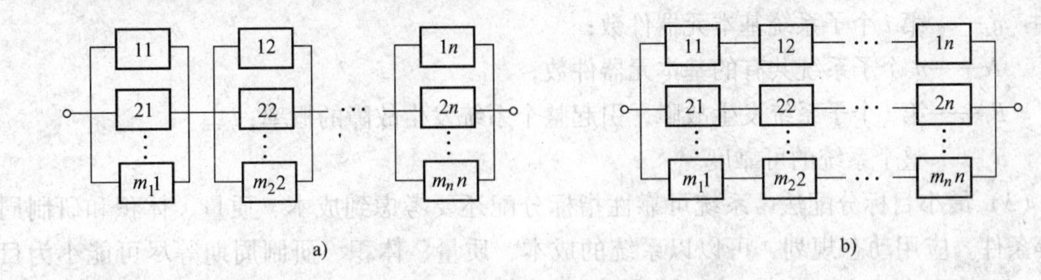

图2-92　混联系统可靠性逻辑框图

a）并-串联系统　b）串-并联系统

求混联系统可靠度的方法是先将系统中的并联（见图2-92a）或串联（见图2-92b）部分折算成等效单元，将混联系统化简成串联或并联系统，即可利用串联或并联系统的可靠度计算公式计算出混联系统的可靠度。

（4）表决系统　在 n 个元器件组成的并联系统中，要求同时有 k 个以上的元器件正常工作，才能保证系统正常工作，这就称为 k/n 表决系统。这种系统即为广义储备系统，当 $k=1$ 时即并联工作储备系统，当 $k=n$ 时即为串联系统。

当 $R_1=R_2=\cdots R_n=R$ 时，则 k/n 表决系统的可靠度为

$$R_s(t) = \sum_{i=k}^{n} C_n^i R^i (1-R)^{n-i}$$

k/n 表决系统的可靠性比工作储备系统的可靠性要低一些。

下面介绍产品的可靠性分配及验证方法。

4. 产品的可靠性分配

可靠性分配是把产品经过论证确定的可靠性指标，从主系统开始，自上而下地分配给各个子系统、零部件和元器件。这样，只要系统各组成部分的可靠性指标达到了分配值，整个系统的可靠性就能达到规定的指标。可靠性分配是系统可靠性设计的重要环节，一个合理的可靠性设计，力求达到对容易实现高可靠性的子系统，提出高要求；对不易实现高

可靠性的子系统提出低的要求，最终满足系统的可靠度、成本、研制时间、质量和体积等的最优。

常用的可靠性分配方法有：等同分配法、重要性分配法、最小目标分配法以及拉格朗日乘数法等。

（1）等同分配法　等同分配法是按照各组成单元可靠性相等的原则分配。如设系统的可靠度为 R，含有 n 个单元，各单元分配可靠度为 R_i，则

串联模型：$R_i = (R)^{\frac{1}{n}}$；

并联模型：$R_i = 1 - (1-R)^{\frac{1}{n}}$。

（2）重要性分配法　按重要性分配法是考虑到各子系统在整个系统中的重要程度，即以某子系统出现故障会引起整个系统发生故障的概率大小为依据来分配子系统可靠度的分配方法。各单元分配可靠度为 R_i 的计算公式如下：

$$R_i = 1 - \frac{1 - R_s^{\frac{n_i}{N}}}{E_i}$$

式中　n_i——第 i 个子系统基本元器件数；

N——n 个子系统共有的基本元器件数；

E_i——第 i 个子系统发生故障，引起整个系统发生故障的概率；

R_s——整个系统的可靠度。

（3）最小目标分配法　系统可靠性指标分配还要考虑到成本、质量、体积和研制周期等条件。应用动态规划，可以以系统的成本、质量、体积、研制周期等尽可能小为目标，而以可靠度不小于某一最低值作为约束条件来进行可靠度分配；也可以以系统可靠度尽可能大为目标，而把系统的成本、质量、体积、研制周期作为约束条件来进行可靠度分配。

5. 产品的可靠性验证

通过采用各种可靠性试验手段，可以确定各种元器件的可靠性指标值，也可以验证新设计出的产品是否达到规定的可靠性指标。如没有达到，则必须重新设计，直至达到规定指标为止。

2.8.3 提高系统可靠性的途径

影响机电一体化系统可靠性的因素很多，因此提高其可靠性的途径也很多。根据可靠性理论进行预测和分配是基本的，此外，还应从以下几方面考虑。

1. 提高系统各组成元器件的设计、制造质量及系统的装配质量

如采用可靠度高的元器件等。此外，在设计阶段就应考虑到在使用阶段如何保证产品的可靠性，应规定适当的环境条件、维护保养条件及操作规程，产品结构应具有良好的维修性等。

例如，某焊接机器人，为提高其可靠性，采取了如下措施：

1）所有元器件必须100%经过测试、检验、老化筛选等处理，合格后才允许装机使用。

2）电子元器件的正确使用对可靠性有重要影响。因此，规定降额（元器件使用中承受的应力低于其额定值，以达到延缓其参数退化，提高使用可靠性的目的）使用电子元器件，降额准则参照 GJB/Z 35—1993 执行。功率电子元器件进行热设计，以防止其温升过高而失效；电子线路，特别是计算机控制系统，应采用电磁兼容设计，加强抗干扰措施。

3）机械零部件尽可能采用强度可靠性设计，并进行适当的工艺处理，以提高抗疲劳、耐磨损、抗腐蚀等性能；机械零部件还应进行严格加工和精密装配，有的零部件配合要进行磨合试验或精细调整。

4）对计算机控制系统、伺服电路板、伺服电动机、谐波齿轮减速器、滚珠丝杠等关键部件，应进行可靠性试验。不合要求者不能使用，并为预防性维修和零部件周期更换提供有效的数据。

5）机器人上应有为防止人为差错和提高维修效率而设的明显标记，如不同插头插座的位置标记等。

6）对机器人的使用环境条件、操作规程、预防性维修等制定一系列规定。如机械传动件和轴承等的注油、清洗、调整；伺服电动机用电刷的定期更换、炭粉的清除；焊机极片（导电带）的定期更换；紧急停车按钮功能的定期模拟检查等。

2. 容错法设计

按容错法设计的系统，能在一定条件下允许系统出现故障而不影响系统功能的发挥，大大提高了系统的可靠性。容错技术的关键是冗余技术。即采用备用的硬件（或软件）参与系统的运行或处于准备状态，一旦系统出现故障，能自动切换，保持系统不间断地正常工作。

（1）软件冗余　采取程序复执的方式，能有效地预防和处理瞬时故障。所谓复执，是指在系统出现瞬时故障时，重复执行故障的那一部分程序，这样系统不必停机，往往可以自动回复到原来正确的动作，这实际上是一种时间冗余方式。

（2）硬件冗余　在没有冗余的串联系统中，某一零部件发生故障，就会引起系统发生故障而不能正常工作。因此，串联系统的可靠性最低。重要的系统必须有冗余，即在系统中增加一些冗余零部件（或子系统），以便当系统的某一零部件发生故障时，整个系统能正常工作，如汽车的制动系统等。

前面提到的并联系统、表决系统等均属于冗余设计。冗余设计是大幅度提高产品可靠性的有效措施，但同时会增加产品的体积、质量（指重量）、费用和功耗等，因此，设计时须全盘考虑。

3. 采用故障诊断技术，提高系统的可维护性

要确保一个系统完全不出故障是不可能的，也是不现实的。那么，当系统发生故障时，如何检测故障、判断故障原因并准确定位故障点，这就需要故障诊断技术。

目前，许多机电一体化系统都具有自诊断功能。有些机电一体化系统还具有自适应、自调整、自诊断、甚至自修复的功能，遇到过载、过电压、过电流、短路、漏电等情况时，能自动采取对策和保护措施，避免事故的发生，这样可以大大提高系统的可靠性和安全性。例如，现代数控机床，能够对加工过程中的几百种故障进行自诊断，如果发现故障立刻报警，并采取相应保护措施。

故障诊断技术的发展方向是人工智能和专家系统，即将机、电、液等各方面的故障知识统一建立一个知识库，并利用在线检测到的各种信息，通过专用计算机来分析、综合、推理，准确定位故障点并提出合理的排除故障方法。例如，美、日等发达国家生产的智能机器人，具有一定的感知、判断、决策能力，能够自动识别对象和环境，根据要求自己规划动作来完成作业，在出现故障时不但能进行自诊断，而且还能进行自我修复。

思考题

1. 什么是可靠性，衡量可靠性的指标有哪些？
2. 简述可靠性设计的目的。
3. 什么是产品的失效分析？
4. 简述以下系统可靠性分析模型的特点，并回答这些系统的可靠度是如何计算的。
串联系统、工作储备系统、混联系统、表决系统。
5. 比较以下五种可靠性分析模型的可靠度高低。
串联系统、工作储备系统、非工作储备系统、混联系统、表决系统。
6. 试述如何采用“按重要性分配法”进行系统可靠性分配。
7. 有效提高系统可靠性的途径有哪些？

2.9 抗干扰技术

教学目标：

1. 掌握干扰的定义及分类。
2. 理解干扰的传播途径。
3. 了解干扰的抑制和防护措施。

任何机电一体化系统都在一定的电磁环境中工作。电磁干扰现象在日常生活中是常见的。例如：附近的汽车点火系统会使电视机的图像跳动并出现爆裂声；使用电钻或电焊机会使计算机运行不正常；接通或断开电源开关时会使收音机发出“扑扑”的声音等。因此要使机电一体化系统正常的工作，达到预期的功能，必须保证设备具有较高的抗干扰性能。特别是工业用机电一体化系统及产品，大多工作在干扰弥漫的车间现场，电磁环境恶劣，对其抗干扰性能要求更高。

2.9.1 干扰的定义与分类

1. 干扰的定义

电磁干扰一般是指系统在工作过程中出现的一些与有用信号无关的，并且对系统性能或信号传输有害的电气变化现象。这些有害的电气变化现象使得有用信号的数据发生瞬态变化，增大误差，出现假象，甚至使整个系统出现异常信号而引起故障。例如几毫伏的噪声可能淹没传感器输出的模拟信号，构成严重干扰，影响系统正常运行。

2. 干扰的分类

干扰根据其现象和信号特征有不同的分类方法。

按干扰性质分：

1）自然干扰。主要由雷电、太阳异常电磁辐射及来自宇宙的电磁辐射等自然现象形成的干扰。

2）人为干扰。分有意干扰和无意干扰。有意干扰是指由人有意制造的电磁干扰，反之为无意干扰。无意干扰很多，如工业用电、高频及微波设备等引起的干扰。

3）固有干扰。主要是电子元器件固有噪声引起的干扰。包括信号线之间的相互串扰，长线传输时由于阻抗不匹配而引起的反射噪声、负载突变而引起的瞬变噪声以及馈电系统的浪涌噪声干扰等。

按干扰的耦合方式分：

1）静电干扰。电场通过电容耦合的干扰，包括电路周围物件上积聚的电荷直接对电路的泄放，大载流导体产生的电场通过寄生电容对受扰装置产生的耦合干扰等。

2）磁场耦合干扰。大电流周围磁场对装置回路耦合形成的干扰。动力线、电动机、发电机、电源变压器和继电器等都会产生这种磁场。

3）漏电耦合干扰。绝缘电阻降低而由漏电流引起的干扰。多发生于工作条件比较恶劣的环境或元器件性能退化、元器件本身老化的情况下。

4）共阻抗感应干扰。电路各部分公共导线阻抗、地阻抗和电源内阻电压降相互耦合形成的干扰。这是机电一体化系统普遍存在的一种干扰。

5）电磁辐射干扰。由各种大功率高频、中频发生装置和各种电火花以及电台（电视台）等产生的高频电磁波，向周围空间辐射，形成电磁辐射干扰。

2.9.2　干扰的传播途径

上述这些干扰，并非每一个机电一体化系统都会遇到。干扰的产生和引起，既与系统本身的结构和制造有关，又与工作环境有关。产生电磁干扰必须同时具备干扰源、干扰传播途径和干扰接收器三个条件。

在电磁环境中，我们把发出电磁干扰的设备、系统等称为干扰源，把受影响的设备、系统等称为干扰对象或干扰接收器。从干扰源把干扰能量递送到干扰对象（即传播途径）有两种方式：一是传导方式，干扰信号通过各种线路传入；一是辐射方式，干扰信号通过空间感应传入。

因此，从接收器的角度看，耦合分为两类：传导耦合和辐射耦合。

传导耦合是指电磁能量以电压（或电流）的形式通过金属导线或集总元器件（如电容器、变压器等）耦合至接收器；辐射耦合是指电磁干扰能量通过空间以电磁场形式耦合至接收器。

2.9.3　干扰的抑制和防护

机电一体化系统抗干扰能力的提高必须从设计阶段开始，并贯穿在制造、调试和使用维护的全过程。实践证明，若在系统设计时就考虑到如何抑制干扰的问题，则可消除可能出现的大多数干扰，而且技术难度小，成本低；如果待系统做好开始使用时，再去考虑解决干扰的问题，则将事倍功半，难度大，成本高。

在设计中，考虑所设计的设备或系统在预定的工作场所运行时，既不受周围的电磁干扰的影响，又不对周围的设备施加干扰，这种设计方法称为电磁兼容性设计。电磁兼容性设计是目前电子设备及机电一体化系统设计时考虑的一个重要原则，它的核心是抑制电磁干扰。

电磁干扰的抑制方法有许多种，屏蔽、隔离、滤波、接地、浪涌吸收器、设备的合理布局等都是控制或消除干扰的基本方法和有效措施。此外，利用软件抗干扰技术，也能收到良好效果。

1. 屏蔽

屏蔽是利用导电（或导磁）材料制成的盒状或壳状屏蔽体，将干扰源（或干扰对象）包围起来从而割断或削弱干扰场的空间耦合通道，阻止其电磁能量的传输。按需要屏蔽的干扰场的性质不同，可分为电场屏蔽、磁场屏蔽和电磁场屏蔽。

（1）电场屏蔽　电场屏蔽是为了消除或抑制由于电场耦合而引起的干扰。通常用铜和铝等导电性能良好的金属材料作屏蔽体，屏蔽体结构应尽量完整严密并保持良好的接地。

图 2-93 所示在感应源 G 与受感器 S 之间加一金属隔板 j，则原来的耦合电容 C_j 被分成 C_{j1}、C_{j2} 和 C_{j3}。由于 C_{j3} 非常小，故可忽略不计。

设金属隔板 j 对地阻抗 Z_j，则 V_g 在 j 上产生的感应电压 V_j 为

$$V_j = \frac{j\omega C_{j1} Z_j V_g}{1 + j\omega C_{j1} Z_j} \qquad (2-5)$$

导体 s 上被感应的电压 V_s 决定于 V_j，即

$$V_s = \frac{j\omega C_{j2} Z_s V_j}{1 + j\omega C_{j2} Z_s} \qquad (2-6)$$

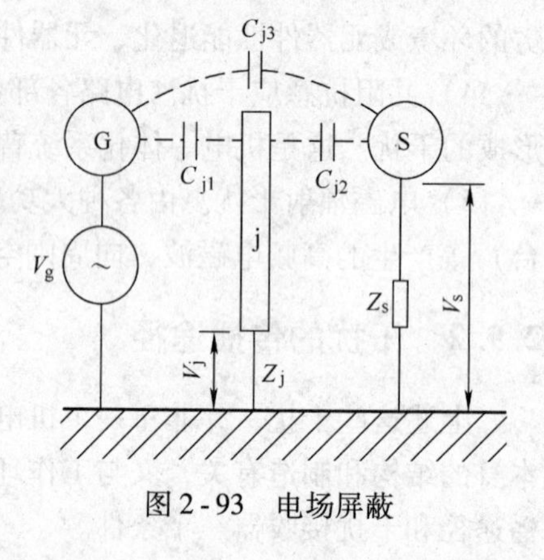

图 2-93　电场屏蔽

将金属板 j 接地，由式（2-5）、式（2-6）可知，$Z_j \to 0$，$V_j \to 0$，则 $V_s \to 0$，即起到了电场屏蔽作用。

无论是静电场还是交变电场，电场屏蔽的必要条件是完善的屏蔽及屏蔽体良好接地。

（2）磁场屏蔽　磁场屏蔽是为了消除或抑制由于磁场耦合引起的干扰。对静磁场及低频交变磁场，可用高磁导率的材料作屏蔽体，并保证磁路畅通；对高频交变磁场，由于主要靠屏蔽体壳体上感应的涡流所产生的反磁场起排斥原磁场的作用，因此，应选用良导体材料，如铜、铝等作屏蔽体。

表 2-4 列出了一些实验结果。

表2-4　无屏蔽和加不同材质屏蔽物的屏蔽效果

屏蔽状况	磁场屏蔽		电场屏蔽	
	以比值表示	以分贝（dB）表示	以比值表示	以分贝（dB）表示
无屏蔽	1:1	0	1:1	0
5cm 铝管屏蔽	1.5:1	3.3	215:1	60.5
5cm 钢管屏蔽	40:1	32	8850:1	78.9

（3）电磁场屏蔽　一般情况下，单纯的电场或磁场是很少见的，通常是电磁场同时存在，因此应将电磁场同时屏蔽。

电磁场屏蔽用于抑制噪声源和敏感设备距离较远时，通过电磁场耦合产生的干扰中。通常说的屏蔽多半是指电磁屏蔽（电场和磁场同时加以屏蔽）。只有在频率较低时的近场干扰，电场分量和磁场分量有很大的不同。随着频率的升高，电磁辐射能力增加，产生辐射电磁场，并趋于远场干扰。远场干扰中，由于电场分量和磁场分量同时存在，因此需要对电场和磁场同时进行屏蔽。在高频时，即使在设备内部也可能出现电磁干扰。

对于高频电磁干扰，通常采用电阻率小的良导体材料，和接地良好的屏蔽体就可以同时实现电场屏蔽和磁场屏蔽。屏蔽是通过反射（或吸收）的办法来承受或排除电磁能量。电磁干扰穿过一种介质进入另一种介质时，其中一部分被反射，就如同光通过空气与水的界面一样。电磁干扰在进入屏蔽层时，未被反射的电磁能量将进入屏蔽层，磁力线穿过导电屏蔽层时，在导体中产生感应电动势，此电动势在屏蔽体内被短路而产生涡流，涡流又产生反向磁感线，以抵消穿过屏蔽层的磁感线，从而起到磁屏蔽作用。在实际屏蔽时，有些场合不便于使用金属板，可以用金属网代替；要求屏蔽效能高时，可以采用双层金属网屏蔽。

低频时，因反射量很大，电场屏蔽一般不成问题。磁场情况则有所不同，因反射量小，只能靠增加吸收量来增加总屏蔽量，就是说增加屏蔽物厚度，使屏蔽物的电导率和磁导率增加而增加吸收量，从而提高磁屏蔽能力。

2. 隔离

把干扰源与接收系统隔离开来，使之尽可能不发生电联系，从而切断干扰的耦合通道，达到抑制干扰的目的，这种方法称为隔离。例如，为了确保机电一体化设备及系统稳定地运行，常将其强电部分与弱电部分、交流部分与直流部分等隔离开来。此外，还有光电隔离、变压器隔离和继电器隔离等隔离方法。

（1）光电隔离　光电隔离是以光作媒介在隔离的两端间进行信号传输的，所用的器件是光耦合器，如图2-94所示。

光耦合器的输入端配置发光源，输出端配置受光器，在传输信号时，借助于光作媒介，然后进行耦合而不是通电，因此具有较强的隔离和抗干扰的能力。

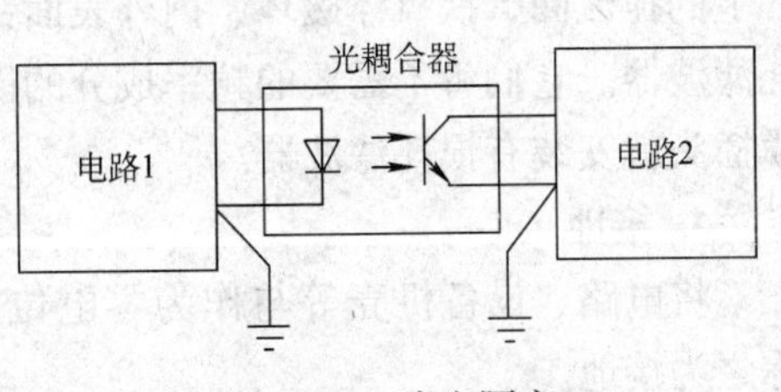

图2-94　光电隔离

由于光耦合器共模抑制比大、无触点、使用周期长、易与逻辑电路配合、响应速度快、小型、耐冲击且稳定可靠，因此在机电一体化系统特别是数字系统中得到了广泛的应用。

（2）变压器隔离　隔离变压器是最常用的隔离器件，用来阻断干扰信号的传导通路，并抑制干扰信号的强度。图 2-95 所示为一种多层隔离变压器。在变压器的一次侧和二次侧线圈处设有静电隔离层 S_1 和 S_2，还有三层屏蔽密封体。S_1 和 S_2 的作用是防止通过一次侧和二次侧绕组的耦合相互干扰。变压器的三层屏蔽层，其内外两层用铁，起磁屏蔽的作用，中间用铜，与铁心相连并直接接地，起静电屏蔽作用。这三层屏蔽层是为了防止外界电磁场通过变压器对电路产生干扰。这种隔离变压器具有很强的抗干扰能力。

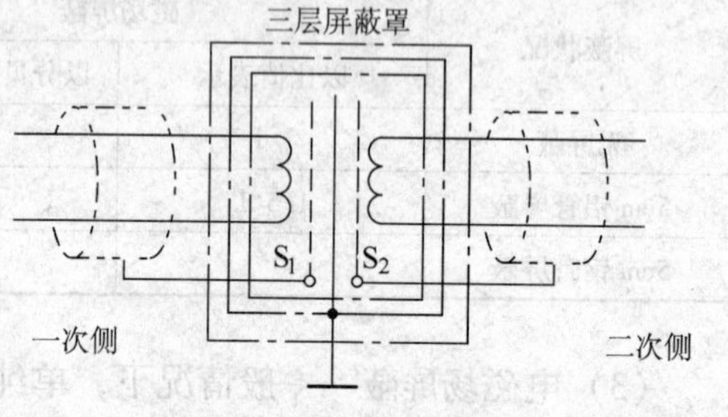

图 2-95　多层隔离变压器

（3）继电器隔离　继电器线圈和触点仅有机械联系而没有直接电联系，因此可利用继电器线圈接受信号，而利用其触点发送和传输信号，如图 2-96 所示，从而可实现强电和弱电的隔离。继电器触点较多，且其触点能承受较大的负载电流，因而应用广泛。

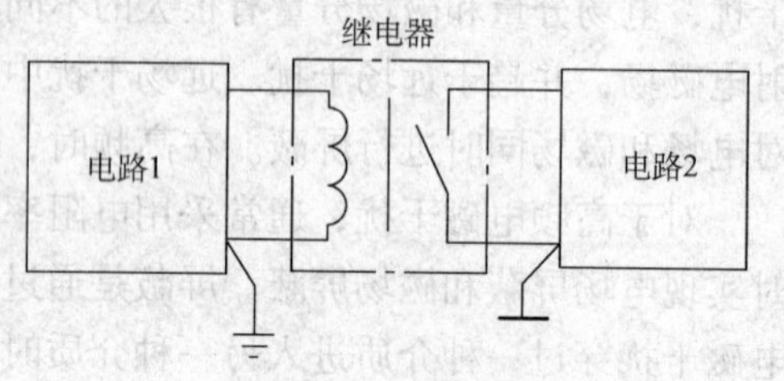

图 2-96　继电器隔离

3. 滤波

滤波是抑制传导干扰的一种重要方法。由于干扰源发出的电磁干扰的频谱往往比要接收的信号的频谱宽得多，因此，当接收器接收有用信号时，也会接收到干扰。这时，可以采用滤波的方法，只让所需要的频率成分通过，而将干扰频率成分加以抑制、剔除。常用的滤波器有反射滤波器和损耗滤波器两大类。

反射滤波器是利用电感、电容等电抗元件或它们的网络组成的滤波器。它能把不需要的频率成分的能量反射掉，只让所需要的频率成分通过。根据其频率特性又可分为低通、高通、带通、带阻等滤波器。低通滤波器只让低频成分通过，而高于截止频率的成分则受抑制、衰减，不让通过；高通滤波器只让高频成分通过，而低于截止频率的成分则受抑制、衰减，不让通过；带通滤波器只让某一频带范围内的频率成分通过，而低于下截止频率和高于上截止频率的成分均受抑制，不让通过；带阻滤波器只抑制某一频率范围内的频率成分，不让其通过，而低于下截止和高于上截止频率的频率成分则可通过。

损耗滤波器是将不需要的频率成分的能量损耗在滤波器内，来抑制干扰。凡缠绕在铁心上的扼流圈、铁氧体磁环、内外表面镀上导体的铁氧体管所构成的传输线都可以作为损耗滤波器。它们将不需要的频率成分的能量以涡流形式损耗掉。现在一些抗电磁干扰的电缆插头就安装有损耗滤波器。

4. 接地

将电路、设备机壳等与作为零电位的一个公共参考点（或面）实现低阻抗的连接，称之为接地。

接地的目的有三个：一是为了安全，例如把电子设备的机壳、机座等与大地相接，当设备中存在漏电时，不至于影响人身安全，称为安全接地；二是为了给系统提供一个基准电位，例如脉冲数字电路的零电位点等；三是为了抑制干扰，如屏蔽接地等，称为工作接地。

接地目的不同，其“地”的概念也不同。安全接地一般是与大地相接，而工作接地，其“地”可以是大地，也可是系统中其他电位参考点，例如电源的某一个极。

接地是电磁兼容设计的一个重要内容。接地不当会引起电磁干扰，甚至造成人身伤亡和机器损坏等事故。正确的接地方式会大大降低干扰。

机电一体化系统常用的接地方式有以下几种。

（1）一点接地　一点接地指信号地线的接地方式采用一点接地，而不采用多点接地。一点接地主要有两种接法：即串联接地（又称共同接地）和并联接地（又称分别接地）。

从防止噪声角度看，图2-97所示的串联一点接地方式是最不适用的。由于地电阻r_1、r_2和r_3是串联的，所以各电路间相互发生干扰，虽然这种接地方式很不合理，但由于比较简单，用的地方仍然很多。当各电路的电平相差不大时还可勉强使用；但当各电路的电平相差很大时就不能使用，因为高电平将会产生很大的地电流并干扰到低电平电路中去。使用这种串联一点接地方式时还应注意把低电平的电路放在距接地点最近的地方，即图2-97最接近于地电位的A点上。

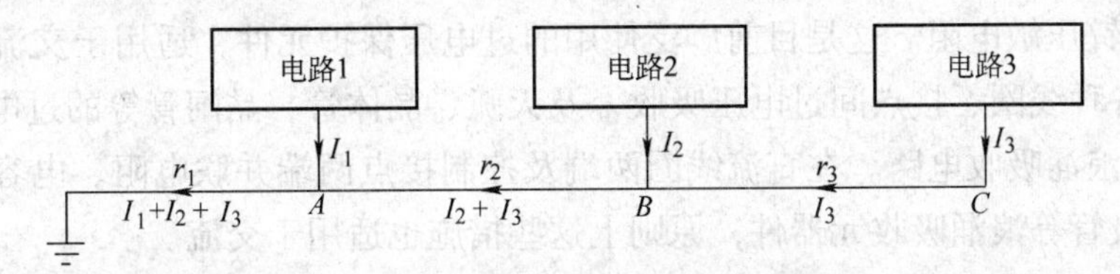

图2-97　串联一点接地

并联一点接地方式如图2-98所示。这种方式在低频时是最适用的，因为各电路的地电位只与本电路的地电流和地线阻抗有关，不会因地电流而引起各电路间的耦合。这种方式的缺点是，需要连很多根地线，用起来比较麻烦。

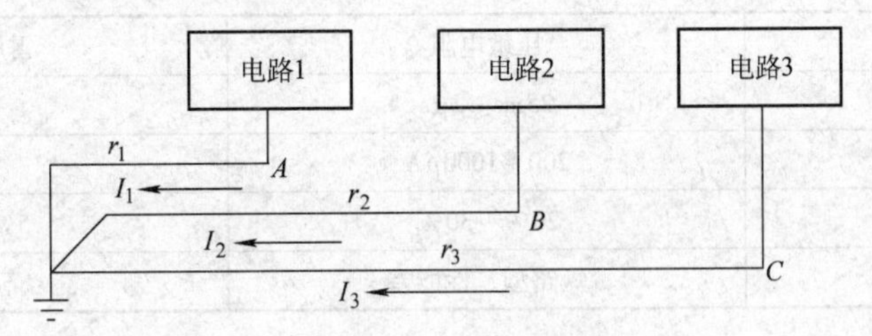

图2-98　并联一点接地

（2）多点接地　单点接地所需地线较多，在低频时适用。若电路工作频率较高，电感分量大，各地线间的互感耦合会增加干扰，因此常用多点接地，如图2-99所示，各接地点就近接于接地汇流排、底座或外壳等金属构件上。

（3）复合接地　由于机电一体化系统的实际情况比较复杂，很难通过一种简单的接地方式来解决，因此常采用单点和多点组合成复合接地方式。一般来说，电路频率在1MHz以下时常采用单点接地方式；当频率高于10MHz时，应采用多点接地方式；当频率在1~10MHz之间时，可采用复合接地。

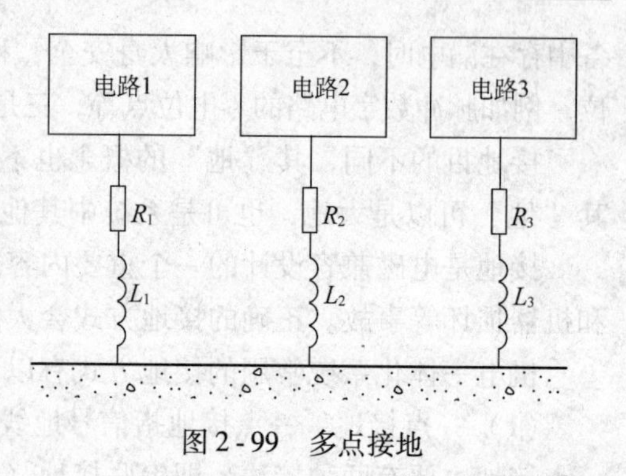

图 2-99　多点接地

（4）浮地　浮地是指设备的整个地线系统和大地之间无导体连接，它是以悬浮的“地”作为参考电平。采用浮地的连接方式可使设备不受大地电流的影响，设备的参考电平（零电平）符合“水涨船高”的原则，随高电压的感应而相应提高，机内元器件不会因高电压感应而击穿。在飞机、军舰和宇宙飞船的电子设备上常采用浮地系统。

浮地系统的缺点是，当附近有高电压设备时，可通过寄生电流耦合而使外壳带电，不安全。此外，大型设备或高频设备由于分布参量影响大，很难做到真正的绝缘，因此大型高频设备不宜采用浮地系统。

机电一体化系统的接地，还应注意把交流接地点与直流接地点分开，避免由于地电阻把交流电力线引进的干扰传输到系统内部；把模拟地与数字地分开，接在各自的地线汇流排上，避免大功率地线对模拟电路增加感应干扰。

5. 浪涌吸收器

1）氧化锌压敏电阻。这是目前广泛使用的过电压保护元件，适用于交流电源电压的浪涌吸收，各种线圈、接点间过电压吸收，及灭弧、晶体管、晶闸管等的过电压保护。

2）直流浪涌吸收电路。在直流线圈两端及控制接点两端并联电阻、电容、二极管及单向击穿二极管等浪涌吸收元器件，原则上这些措施也适用于交流。

3）放电管。利用充气放电管的气隙放电作用消除浪涌。

4）新型半导体雪崩二极管（单向/双向击穿二极管）。这是一种过电压钳位器件，它和压敏电阻响应时间的比较列于表 2-5 中。

表 2-5　压敏电阻与雪崩二极管的特性对照表

参　数	压敏电阻	雪崩二极管
响应时间	25ms ~ 2μs	5ns
漏电流	200 ~ 1000μA	5μA
偏移	20% ~ 30%	5% ~ 10%
可靠性	短路型、性能差	不会疲劳

6. 设备的合理布局

对机电一体化设备及系统的各个部分进行合理的布局，能有效地防止电磁干扰的危害。合理布局的基本原则是使干扰源与干扰对象尽可能远离，输入和输出端口妥善分离，高电平电缆及脉冲引线与低电平电缆分别敷设等。

7. 软件抗干扰技术

（1）软件滤波　用软件来识别有用信号和干扰信号，并滤除干扰信号的方法，称为软件滤波。识别信号的原则有两种：

1）时间原则。如果掌握了有用信号和干扰信号在时间上出现的规律性，在程序设计上就可以在该接收有用信号的时间段打开输入口，而在可能出现干扰信号的时间段封闭输入口，从而滤掉干扰信号。

2）空间原则。在程序设计上为保证接收到的信号正确无误，可将从不同位置、用不同检测方法、经不同路线或不同输入口接收到的同一信号进行比较，根据既定逻辑关系来判断真伪，从而滤掉干扰信号，这种方法也称交互校核。

（2）软件“陷阱”　从软件的运行来看，瞬时电磁干扰可能使 CPU 偏离预定的程序指针，进入未使用的 RAM 区或 ROM 区，引起一些莫名其妙的现象，其中死循环和程序“飞掉”是最常见的现象。为了有效地排除这种干扰故障，常用软件“陷阱”法。这种方法的基本指导思想是，把系统存储器（RAM 和 ROM）中没有使用的单元用某一种重新启动的代码指令填满，作为软件“陷阱”，以捕获“飞掉”的程序。一般当 CPU 执行该条指令时，程序就自动转到某一起始地址，而从这一起始地址开始，存放一段使程序重新恢复运行的热启动程序，该热启动程序扫描现场的各种状态，并根据这些状态判断程序应该转到系统程序的哪个入口，使系统重新投入正常运行中。

（3）软件“看门狗”（WATCHDOG）技术　WATCHDOG 即把关定时器，俗称“看门狗”，是工业控制机普遍采用的一种软件抗干扰措施。当侵入的尖锋电磁干扰使计算机“飞程序”时，WATCHDOG 能够帮助系统自动恢复正常运行。

WATCHDOG 的构成如图 2-100 所示，它是一个和 CPU 构成闭合回路的定时器。它的输出端连到 CPU 的复位端或中断输入端，WATCHDOG 的每次溢出将引起系统复位，使系统从头开始运行；或产生中断，使系统进入故障处理程序，从而进行必要的处理。

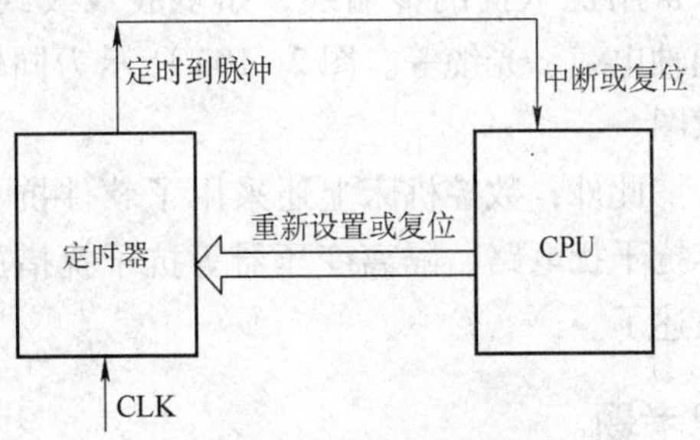

图 2-100　WATCHDOG 构成

2.9.4　抗干扰应用实例

数控机床是用于加工机械零件的典型机电一体化设备，一般都工作在生产车间。车间内各种动力设备多，类型复杂，操作频率、电网的波动也大，存在着严重的干扰源；此外，数控机床本身也是一个干扰源。因此，要求其控制系统和伺服系统有足够的抗干扰能力，保证设备的正常运转。数控机床的抗干扰措施有以下几个方面。

1. 地线的设计

图 2-101 是一台数控机床的接地方法。从图中可以看出，接地系统形成三个通道：信号接地通道，将所有小信号、逻辑电路的信号、灵敏度高的信号的接地点都接到信号地通道上；功率接地通道，将所有大电流、大功率部件、晶闸管、继电器、指示灯、强电部分的接地点都接到这一地线上；机械接地通道，将机柜、底座、面板、风扇外壳、电动机底座等机床接地点都接到这一地线

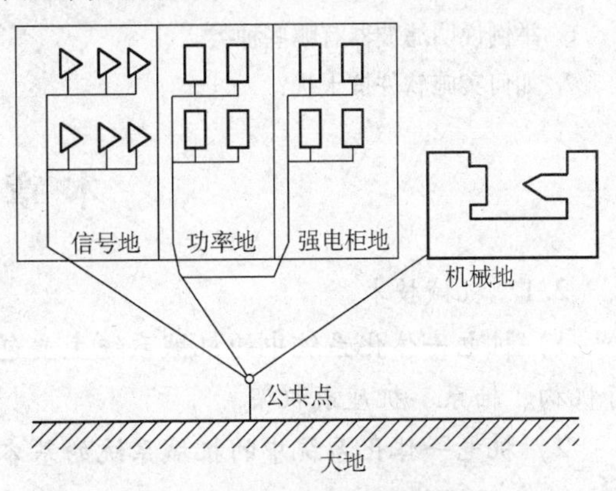

图 2-101　数控机床的接地

上，此地线又称安全地线通道。这种地线接法有较强的抗干扰能力，能够保证数控机床的正常运行。

2. 电源部分抗干扰措施

如图 2 - 102 所示为一种数控机床电源的抗干扰措施。为抑制来自电源的干扰，在交流电源进线处采用了滤波器和有静电屏蔽的隔离变压器，并设有稳压二极管用来吸收瞬变干扰和尖脉冲干扰。

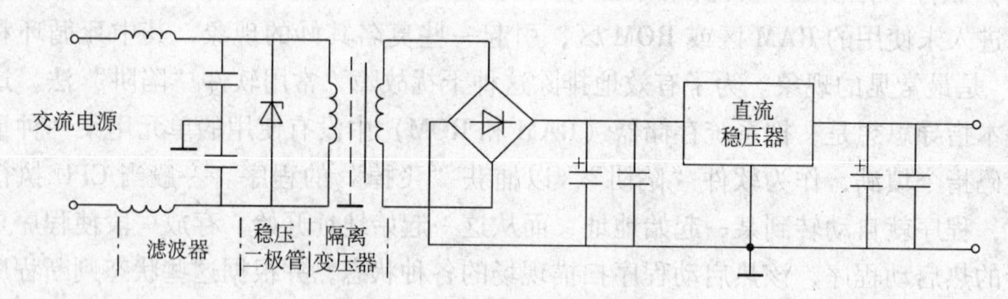

图 2 - 102　电源的抗干扰措施

3. 在传输线中采用的抗干扰措施

为防止在信号传输过程中受到电磁干扰，数控机床常用抗干扰的传输线，如多股双绞线、屏蔽电缆、同轴电缆、光缆等。图 2 - 103 所示为同轴电缆断面示意图。

此外，数控机床上还采用了软件抗干扰技术、阻容抗干扰电路、隔离变压器等抗干扰措施，在此不做叙述了。

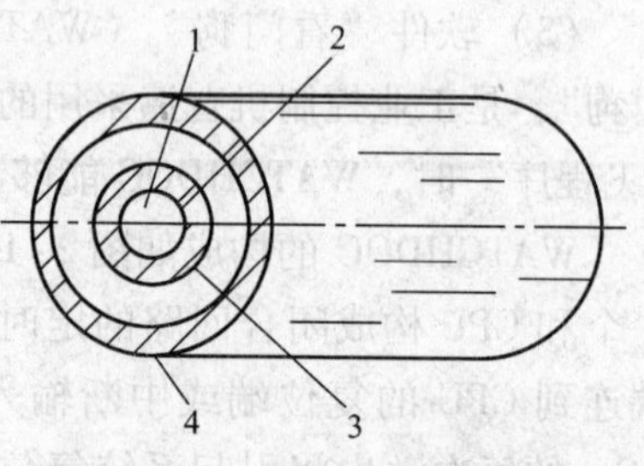

图 2 - 103　同轴电缆断面示意图
1—芯线　2—绝缘体　3—外层导线
4—绝缘外壳

思考题

1. 什么是电磁兼容性设计？
2. 什么是电磁干扰，电磁干扰必须具备的条件是什么？
3. 试述电磁干扰的分类。
4. 常见的抑制电磁干扰的措施有哪些？
5. 举例说明接地系统可分为哪几类。
6. 举例说明滤波器有哪些种类。
7. 如何实施软件抗干扰？

本章小结

2.1　机械技术

1）机电一体化系统中的机械系统主要包括以下五大部分：传动机构、导向机构、执行机构、轴系、机座或机架。

2）机电一体化系统中的机械系统的基本要求是：高精度、小惯量、大刚度、快速响应性、良好的稳定性。

2.2　传感检测技术

1. 传感器的定义和组成

传感器是一种能感受规定的被测量，并按照一定的规律转换成可用的输出信号的器件或装置。传感器通常由敏感元件、传感元件及测量转换电路三部分组成。

2. 传感器的分类

常用的分类方法有以下三种：

1）按传感器的物理量分类：可分为位移、力、速度、加速度、温度、流量、气体成分、流速等传感器。

2）按传感器工作原理分类：可分为电阻、电容、电感、电压、霍尔、光电、光栅、热电偶等传感器。

3）按传感器输出信号的性质分类：可分为输出量为开关量（“1”和“0”即“开”和“关”）的开关型传感器、输出为模拟型传感器和输出为脉冲或代码的数字型传感器。

3. 传感器发展趋势

传感器的集成化、传感器的多功能化、传感器的智能化。

2.3　计算机控制技术

1）计算机控制系统的组成：由硬件和软件两部分组成。

2）计算机控制系统的类型有：操作指导控制系统、直接数字控制（DDC）系统、监督计算机控制（SCC）系统、分级控制系统、集散控制系统（DCS）、工厂自动化（FA）系统。

2.4　伺服技术

1）伺服系统的基本组成：包含控制器、功率放大器、执行机构和检测装置等四大部分。

2）伺服系统的分类：

① 根据使用能量的不同，可以将伺服驱动系统分为电气式、液压式和气压式等几种类型。

② 按控制方式划分，可分为开环伺服系统和闭环伺服系统。

3）常见的伺服系统：直流伺服系统、交流伺服系统、步进系统。

2.5　接口技术

1）接口技术：机电一体化产品和系统中，接口技术是指系统中各个元器件及计算机间的连接技术。

2）接口的功能：变换、放大、传递。

3）接口的分类：

① 根据接口的变换和调整功能特征分为零接口、被动接口、主动接口、智能接口。

② 根据接口的输入/输出功能的性质分为信息接口（软件接口）、机械接口、物理接口、环境接口。

③ 以控制微型计算机（微电子系统）为出发点，按照所联系的子系统不同，可将接口分为人机接口与机电接口两大类。

2.6 执行装置概述

1）执行装置就是“按照电信号的指令，将来自电、液压和气压等各种能源的能量转换成旋转运动、直线运动等方式的机械能的装置”。

2）按利用的能源执行装置大体上分为电动执行装置、液压执行装置和气动执行装置。

2.7 气动与液压技术

1）一个完整的气动或液压系统主要由以下几部分构成：能源部件、控制元件、执行元件和辅助装置。

2）气、液压传动的特点：

① 优点：

a. 在液压与气动系统中执行元件的速度、转矩、功率均可作无级调节，且调节简单、方便。

b. 气、液压系统中，气、液体的压力、流量和方向控制容易。其与电气控制相配合，可以方便地实现复杂的自动工作过程的控制和远程控制。

c. 气动系统过载时不会发生危险，液压系统则有良好的过载保护，安全性高。

d. 气压传动工作介质用之不尽，取之不竭，且不易污染。

e. 压缩空气没有爆炸和着火危险，因此不需要昂贵的防爆设施。

f. 压缩空气由管道输送容易，而且由于空气黏性小，在输送时压力损失小，可进行远距离压力输送。

g. 在相同功率的情况下，液压传动装置的体积小，质量小，惯性小，结构紧凑。

h. 液压传动输出力大，通过液压泵很容易就可以得到有很高压力（20～30MPa）的液压油，把此压力油送入液压缸后即可产生很大的输出力，可达700～3000N/cm^2。

i. 液压传动的传动介质是液压油，能够自动润滑，元件的使用周期长。

② 缺点：

a. 由于泄漏及气体、液体的可压缩性，使气、液压传动无法保证严格的传动比，这一缺点在气动系统中尤为明显。

b. 气压传动传递的功率较小，气动装置的噪声也大，高速排气时要加消声器。

c. 由于气动元件对压缩空气要求较高，为保证气动元件正常工作，压缩空气必须经过良好的过滤和干燥。

d. 相对于电信号气动控制远距离传递信号的速度较慢，不适用于需要高速传递信号的复杂回路。

e. 液压传动常因有泄漏，而易造成环境污染。另外油液易被污染，从而影响系统工作的可靠性。

f. 液压元件制造精度要求高，加工、装配比较困难，使用维护要求严格，在工作过程中发生故障不易诊断。

g. 在液压系统中油液混入空气后，易引起液压系统爬行、振动和噪声，使系统的工作性能受影响并缩短元件使用周期。

h. 液压系统中由于油液具有黏性，采用油管传输压力油，压力损失较大，所以不宜进行远距离输送。

2.8　可靠性技术

1）可靠性的定义是：产品在规定的条件下和规定的时间内完成规定功能的能力，它包括四项内容（产品、规定的条件、规定的时间、规定的功能）。

2）常用的可靠性指标有：可靠度 $R(t)$，失效率 $\lambda(t)$，平均使用周期，平均维修时间 MTTR，有效度 $A(t)$。

3）提高系统可靠性的途径：

① 提高系统各组成元、器件的设计，制造质量及系统的装配质量；

② 容错法设计；

③ 采用故障诊断术，提高系统的可维护性。

2.9　抗干扰技术

1）电磁干扰：一般是指系统在工作过程中出现的一些与有用信号无关的，并且对系统性能或信号传输有害的电气变化现象。

2）干扰的分类：

① 按性质分：自然干扰；人为干扰；固有干扰。

② 按干扰的耦合模式分：静电干扰；磁场耦合干扰；漏电耦合干扰；共阻抗感应干扰；电磁辐射干扰。

3）产生电磁干扰必须同时具备三个条件：干扰源，干扰传播途径，干扰接收器。

干扰传播有两种方式：一是传导方式，干扰信号通过各种线路传入；二是辐射方式，干扰信号通过空间感应传入。

4）电磁干扰的抑制方法：屏蔽、隔离、滤波、接地、浪涌吸收器和设备的合理布局等都是控制或消除干扰的基本方法和有效措施。此外，利用软件抗干扰技术，也能收到良好效果。

自测试卷

一、填空（35%）

1. 机电一体化系统中的机械系统包括五大部分：________、________、________、________、________。

2. 机械执行机构的基本要求是________、________、________、________。

3. 根据使用能量的不同，执行元件有________、________、________。

4. 在控制系统中根据系统中信号相对于时间的连续性，通常可分为________和________。

5. 按控制方式分可将伺服系统分为________和________。

6. 一个集散控制系统一般由________、________、________、________、________五部分组成。

7. 专用输入/输出接口电路有________、________、________、________。

8. 监督计算机控制系统可看成是________系统和________系统的综合与发展。

9. 可靠性包括________、________、________、________四项内容。

10. 产生电磁干扰必须具备________、________、________三个条件。

11. 第一代工业机器人称为________工业机器人。

二、选择（12%）

1. 在（　　）系统中，计算机既是“决策者”，又是“操作者”。

A. DDC　　B. SCC　　C. DCS　　D. FCS

2. （　　）是机电一体化系统中各单元和传输环节之间进行物质、能量和信息交换的连接界面。

A. 执行元件　　B. 传感器　　C. 接口　　D. 计算机

3. 下列可靠性指标中，（　　）不是概率度量。

A. 可靠度　　B. 失效率　　C. 有效度　　D. 平均使用周期

4. 程序控制系统是（　　）机器人的控制系统。

A. 第一代　　B. 第二代　　C. 第三代　　D. 未来

5. 电涡流接近开关可以利用电涡流原理检测出（　　）的靠近程度。

A. 人体　　B. 水　　C. 黄铜　　D. 玻璃

6. 电容式接近开关对（　　）的灵敏度最高。

A. 玻璃　　B. 塑料　　C. 纸　　D. 鸡饲料

三、名词解释（9%）

1. 工业机器人

2. 产品的可靠性

3. 集散控制系统

四、简答（28%）

1. 作框图说明什么是开环伺服系统，什么是闭环伺服系统，并回答它们的优缺点。

2. 简述直流伺服电动机的构造及工作原理。

3. 集散控制具有哪些特点？

4. 接口的功能有哪些？

5. 简述机电一体化系统中机械系统的组成。

6. 简述三种执行装置的特点与性能。

7. 简答三代工业机器人的特点及其对应的控制系统。

五、分析（16%）

1. 如图 2-104 所示，某一个计算机控制系统中有这样一些部件：3 个 CPU、1 个 CRT、1 个键盘、1 个磁盘等，工作时这些零部件均处于工作状态，并且已知任一 CPU 均能单独支持整个系统工作。已知，$R_{CPU1} = R_{CPU2} = R_{CPU3} = 0.98$，$R_{CRT} = 0.97$，$R_{键盘} = 0.99$，$R_{磁盘} = 0.96$，试回答以下问题：

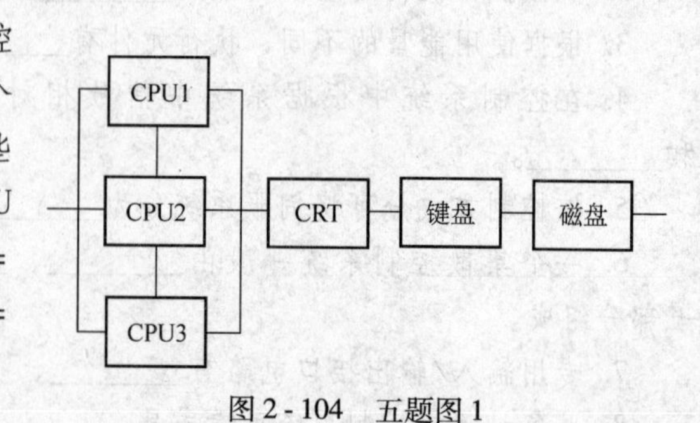

图 2-104　五题图 1

1）系统中有哪些可靠性分析模型。

2）该计算机控制系统的可靠度 R_S（列出计算公式）。

2. 在检修某机械设备时，发现某金属齿轮两侧各有A、B检测元件，如图2-105所示，请分析：

1）A、B两个检测元件应是行程开关还是接近开关？其检测原理属于哪种传感器？

2）齿轮每转过一个齿，则A、B各输出一个脉冲，如下图所示。在规定的时间内对脉冲计数，就可以测量齿轮的转速。若齿轮的齿数 $z=36$，在2s内测得A（或B）输出的脉冲数为1026个，则代表齿轮转过多少圈？齿轮的转速是多少？

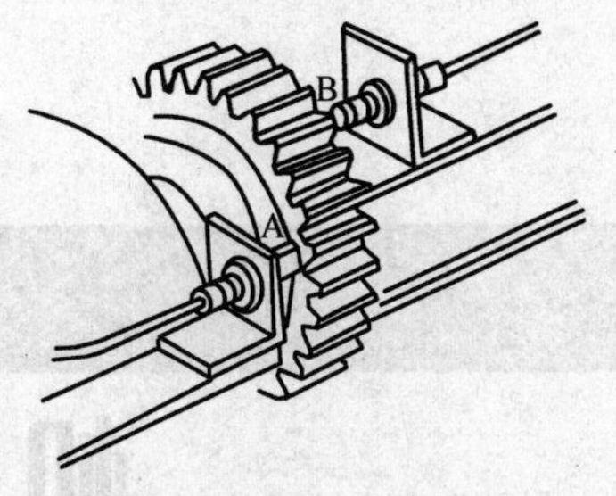

图2-105　五题图2

第3章

机电一体化系统

3.1　工业机器人及其应用

教学目标：

1. 了解工业机器人的定义与发展过程。
2. 理解工业机器人的结构和分类。
3. 认识工业机器人的控制系统。
4. 了解工业机器人的应用领域。

机器人技术与系统作为20世纪人类最伟大的发明之一，自60年代初问世以来，经历了近50年的发展，已取得了实质性的进步和成果。

在传统的制造生产领域，工业机器人经过诞生、成长、成熟期后，已成为制造业中不可缺少的核心自动化装备，目前世界上约有近百万台工业机器人正在各种生产现场工作。本节将围绕工业机器人展开讨论，带领学生了解工业机器人的基本知识。

3.1.1　工业机器人的定义与发展过程

1. 工业机器人的定义

机器人技术经过多年的发展，已经形成了一门综合性学科——机器人学（Robotics），它涉及机械工程、电子学、控制理论、传感器技术、计算机科学、仿生学、人工智能等学科领域。工业机器人本身是一种典型的机电一体化系统。各种生产过程的机械化和自动化是现代生产技术发展的总趋势。随着技术的进步和经济的发展，为适应产品的多品种、小批量生产，作为现代最新水平的柔性制造系统（FMS）和工厂自动化（FA）技术的重要组成部分的工业机器人技术得到了迅速发展，并在世界范围内很快地形成了机器人产业。尽管如此，各国对工业机器人的定义却各有差异。

国际标准化组织（ISO）基本上采纳了美国机器人协会的提法，定义为：“一种可重复编程的多功能操作手，用以搬运材料、零件、工具或者是一种为了完成不同操作任务，可以有多种程序流程的专门系统。”

工业机器人定义为“一种能自动定位控制、可重复编程的、多功能的、多自由度的操作机。能搬运材料、零件或操作工具，用以完成各种作业。”而将操作机定义为：“具有和人手臂相似的动作功能，可在空间抓放物体或进行其他操作的机械装置。”

英国机器人协会（BRA）的定义是“一种可重复编程的装置，用以加工和搬运零件、工具或特殊加工器具，通过可变的程序流程以完成特定的加工任务。”

日本工业标准（JIS B0134—1986）定义为“一种在自动控制下，能够编程完成某些操作或者动作功能。”

综合上述定义，可知工业机器人具有以下三个重要特性：

1）是一种机械装置，可以搬运材料、零件、工具或者完成多种操作和动作功能，即具有通用性。

2）是可以再编程的，具有多种多样程序流程的，这为人-机联系提供了可能，也使之具有独立的柔软性。

3）有一个自动控制系统，可以在无人参与下，自动地完成操作作业和动作功能。

2. 工业机器人的发展过程

工业机器人的发展通常可划分为三代。

（1）第一代工业机器人　第一代工业机器人通常是指目前国际上商品化与实用化的“可编程工业机器人”，又称“示教再现工业机器人”，即为了让工业机器人完成某项作业，首先由操作者将完成该作业所需的各种知识（如运动轨迹、作业条件、作业顺序和作业时间等），通过直接或间接手段，对工业机器人进行“示教”，工业机器人将这些知识记忆下来后，即可根据“再现”指令，在一定精度范围内，忠实地重复再现各种被示教的动作。1962年美国万能自动化公司的第一台Unimate工业机器人在美国通用汽车公司投入使用，标志着第一代工业机器人的诞生。

（2）第二代工业机器人　第二代工业机器人通常是指具有某种智能（如触觉、力觉、视觉等）功能的“智能机器人”。即由传感器得到的触觉、力觉和视觉等信息经计算机处理后，控制工业机器人的操作机完成相应的适应性操作。1982年美国通用汽车公司在装配线上为工业机器人装备了视觉系统，从而宣告了新一代智能工业机器人的问世。

（3）第三代工业机器人　第三代工业机器人即所谓的“自治式工业机器人”。它不仅具有感知功能，而且还有一定的决策及规划能力。这一代工业机器人目前仍处在实验室研制阶段。

3.1.2 工业机器人的结构和分类

1. 工业机器人的组成

一个较完善的工业机器人，一般由操作机、驱动系统、控制系统及人工智能系统等部分组成，如图3-1所示。

（1）操作机　操作机为工业机器人完成作业的执行机构，它具有和手臂相似的动作功能，是可在空间抓放物体或进行其他操作的机械装置。它包括机座、移动机械、手臂、手腕和末端执行器等部分。有时为了增加工业机器人的工作空间，在机座处装有行走机构。

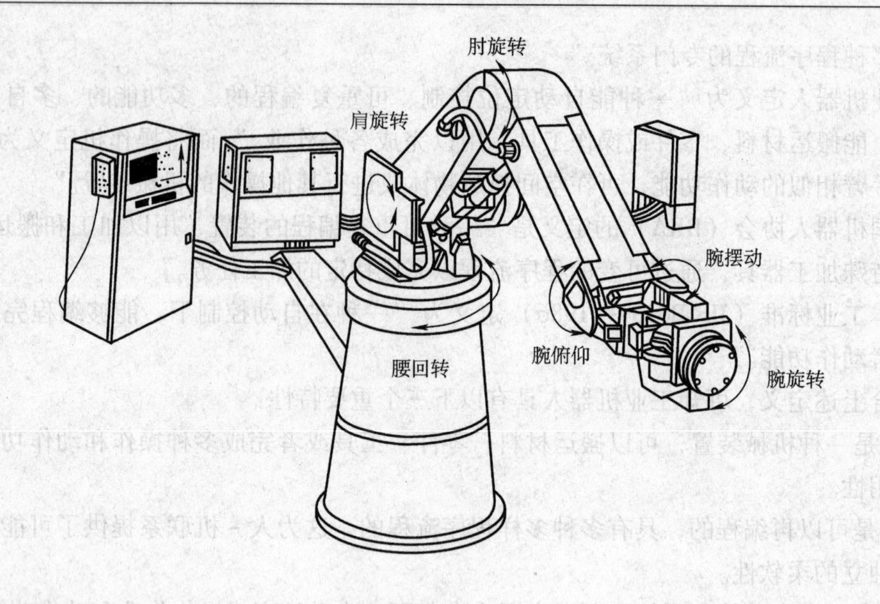

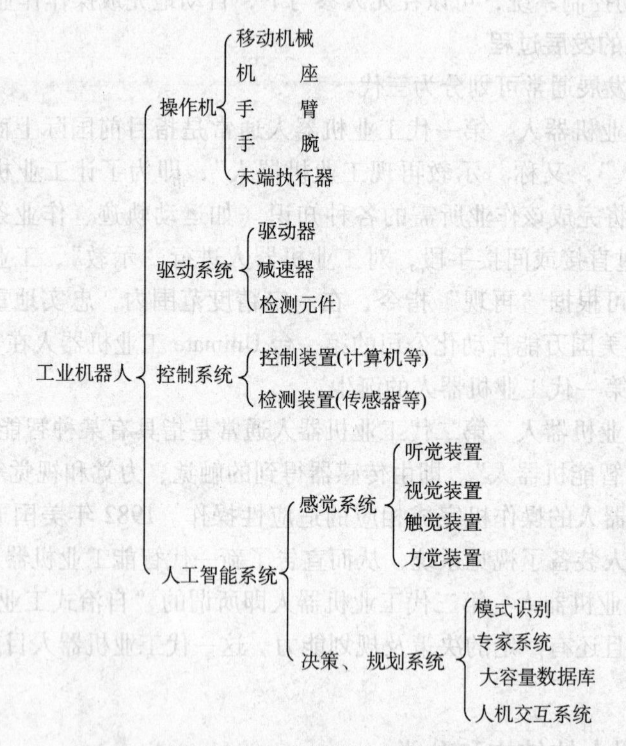

图 3-1　工业机器人的组成

(2) 驱动系统　驱动系统主要指驱动执行机构的传动装置。它由驱动器、减速器、检测元件等组件组成。根据驱动器的不同，可分为电动、液动和气动驱动系统。驱动系统中的电动机、液压缸、气缸可以与操作机直接相连，也可以通过齿轮传动、链传动、谐波齿轮传动、螺旋传动、带传动装置等与执行机构相连。

(3) 控制系统　控制系统是工业机器人的核心部分，其作用是支配操作机按所需的顺序，沿规定的位置或轨迹运动。从控制系统的构成看，有开环控制系统和闭环控制系统之分；从其控制方式看，有程序控制系统、适应性控制系统和智能控制系统之分；从其控制手段看，目前工业机器人控制系统大多数采用计算机控制系统。

（4）人工智能系统　人工智能系统是计算机控制系统的高层次发展。它主要由两部分组成：其一为感觉系统（硬件），主要靠各类传感器来实现其感觉功能；其二是决策、规划系统（软件），它包括逻辑判断、模式识别、大容量数据库和规划操作程序等功能。

2. 工业机器人的分类

（1）按操作机坐标形式分类　操作机的坐标形式是指操作机的手臂在运动时所取的参考坐标系的形式。工业机器人按其坐标形式分为以下五类：

1）直角坐标型工业机器人。如图3-2a所示，其运动部分由三个相互垂直的直线移动（即PPP）组成，其工作空间图形为长方体。

优点：轴向的移动距离可直接读出，直观性强；易于位置和姿态（简称位姿）的编程计算，定位精度最高，控制无耦合，结构简单。

缺点：机体所占空间体积大，动作范围小，灵活性较差，难与其他工业机器人协调工作。

2）圆柱坐标型工业机器人。如图3-2b所示，其运动形式是通过一个转动和两个移动（即RPP）组成的运动系统来实现的，其工作空间图形为圆柱形。

特点：与直角坐标型工业机器人相比，在相同的工作空间条件下，机体所占体积小，而运动范围大，其位置精度仅次于直角坐标型，难与其他工业机器人协调工作。

3）球坐标型工业机器人，又称极坐标型工业机器人。如图3-2c所示，其手臂的运动由两个转动和一个直线移动（即RRP；一个回转，一个俯仰和一个伸缩运动）所组成，其工作空间为一球体，它可以做上下俯仰动作并能抓取地面上或较低位置的工件。

特点：具有结构紧凑、工作空间范围大的特点，能与其他工业机器人协调工作，其位置精度尚可，位置误差与臂长成正比。

4）多关节型工业机器人，又称回转坐标型工业机器人。如图3-2d所示，这种工业机器人的手臂与人体上肢类似，其前三个关节都是回转副（即RRR）。该工业机器人一般由立柱和大小臂组成，立柱与大臂间形成肩关节，大臂与小臂间形成肘关节，可使大臂做回转运动和俯仰摆动，小臂作俯仰摆动。

优点：结构最紧凑，灵活性大，占地面积最小，工作空间最大，能与其他工业机器人协调工作。

缺点：位置精度较低，有平衡问题，控制耦合。

这种工业机器人的应用越来越广泛。

5）平面关节型工业机器人（Selective Compliance Assembly Robot Arm，SCARA）。如图3-2e所示，它采用一个移动关节和两个回转关节（即PRR），移动关节实现上下运动，而两个回转关节则控制前后、左右运动。这种工业机器人又称装配机器人。它在水平方向具有柔顺性，而在垂直方向则有较大的刚性。

特点：它结构简单，动作灵活，多用于装配作业中，特别适合小规格零件的插接装配，如在电子工业零件的插接、装配中应用广泛。

（2）按控制方式分类

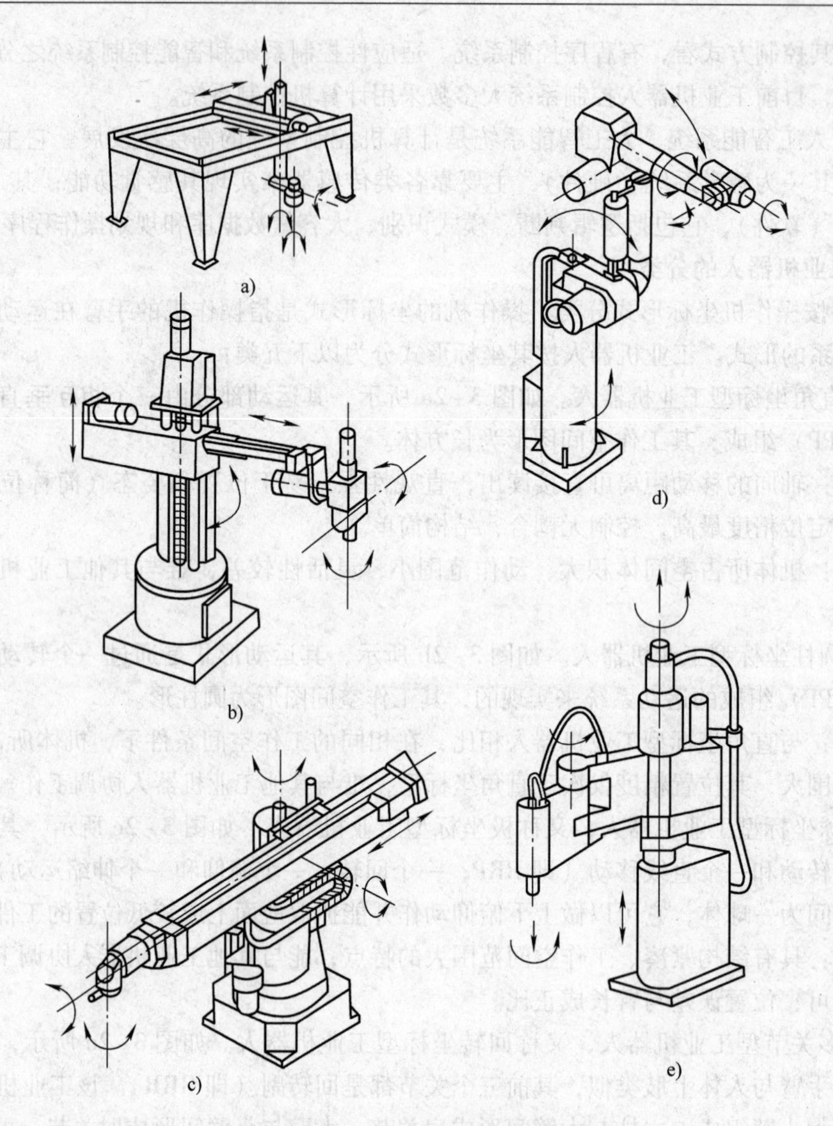

图 3-2 工业机器人的基本结构形式

a）直角坐标型 b）圆柱坐标型 c）球坐标型 d）多关节型 e）平面关节型

1）点位（PTP）控制工业机器人。其原理就是采用点到点的控制方式，只在目标点处准确控制工业机器人手部的位姿，完成预定的操作要求，而不对点与点之间的运动过程进行严格的控制。目前应用的工业机器人中，多数属于点位控制方式，如上下料搬运机器人、点焊机器人等。

2）连续轨迹（CP）控制工业机器人。工业机器人的各关节同时作受控运动，准确控制工业机器人手部按预定轨迹和速度运动，而手部的姿态也可以通过腕关节的运动得以控制。弧焊、喷漆和检测机器人均属连续轨迹控制方式。

（3）按驱动方式分类

1）气动式工业机器人。这类工业机器人以压缩空气来驱动操作机。

优点：空气来源方便，动作迅速，结构简单，造价低，无污染。

缺点：空气具有可压缩性，导致工作速度的稳定性较差。又因气源压力一般只有 6kPa 左右，所以这类工业机器人抓举力较小，一般只有几十牛（N），最大百余牛。

2）液压式工业机器人。因为液压压力比气压压力高得多，一般为 70kPa 左右，故液压传动工业机器人具有较大的抓举能力，可达上千牛。这类工业机器人结构紧凑，传动平稳，动作灵敏，但对密封要求较高，且不宜在高温或低温环境下工作。

3）电动式工业机器人。这是目前用得最多的一类工业机器人，不仅因为电动机品种众多，为工业机器人设计提供了多种选择，也因为它们可以运用多种灵活的控制方法。早期多采用步进电动机驱动，后来发展了直流伺服驱动单元，目前交流伺服驱动单元也在迅速发展。这些驱动单元或是直接驱动操作机，或是通过诸如谐波减速器的装置来减速后驱动，其结构十分紧凑、简单。

3.1.3　工业机器人的控制系统

1. 工业机器人控制系统的特点和基本要求

工业机器人的控制技术是在传统机械系统的控制技术的基础上发展起来的，因此两者之间并无根本的不同，但工业机器人控制系统也有许多特殊之处。其特点如下：

1）工业机器人有若干个关节，多个关节的运动要求各个伺服系统协同工作。

2）工业机器人的工作任务是要求操作机的手部进行空间点位运动或连续轨迹运动，对工业机器人的运动控制，需要进行复杂的坐标变换运算，以及矩阵函数的逆运算。

3）工业机器人的控制中经常使用前馈、补偿、解耦和自适应等复杂控制技术。

4）较高级的工业机器人要求对环境条件、控制指令进行测定和分析，采用计算机建立庞大的信息库，用人工智能的方法进行控制、决策、管理和操作，按照给定的要求，自动选择最佳控制规律。

对工业机器人控制系统的基本要求有：

1）实现对工业机器人的位姿、速度、加速度等的控制功能，对于连续轨迹运动的工业机器人，还必须具有轨迹的规划与控制功能。

2）方便的人－机交互功能。操作人员采用直接指令代码对工业机器人进行作业指示，使工业机器人具有作业知识的记忆、修正和工作程序的跳转功能。

3）具有对外部环境（包括作业条件）的检测和感觉功能。为使工业机器人具有对外部状态变化的适应能力，工业机器人应具有对诸如视觉、力觉、触觉等有关信息进行检测、识别、判断、理解等的功能。在自动生产线中，工业机器人应有与其他设备交换信息、协调工作的能力。

4）具有诊断、故障监视等功能。

2. 工业机器人控制系统的分类

工业机器人控制系统可以从不同角度进行分类，如按控制运动的方式不同，可分为关节运动控制、笛卡儿空间运动控制和自适应控制；按轨迹控制方式的不同，可分为点位控制和连续轨迹控制；按速度控制方式的不同，可分为速度控制、加速度控制、力控制；按发展阶段的不同，可分为程序控制系统、适应性控制系统、智能控制系统。

这里主要介绍按发展阶段的分类方法。

(1) 程序控制系统　目前工业用的绝大多数第一代机器人属于程序控制机器人，其程序控制系统的结构简图如图 3-3 所示，包括程序装置、信息处理器和放大执行装置。信息处理器对来自程序装置的信息进行变换，放大执行装置则对工业机器人的传动装置进行控制。

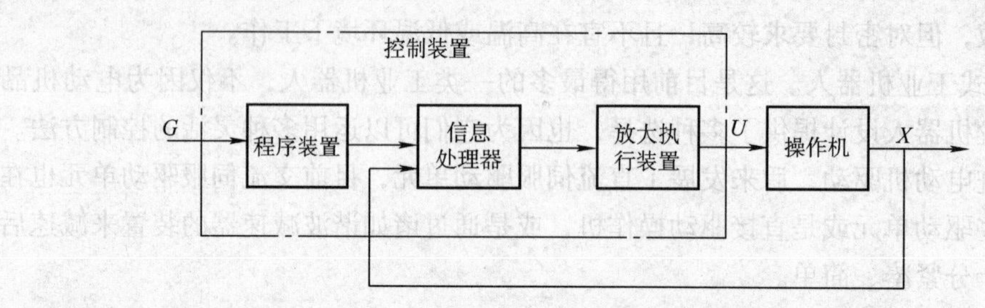

图 3-3　程序控制系统

输出量 **X** 为一矢量，表示操作机运动的状态，一般为操作机各关节的转角或位移。控制作用 **U** 由控制装置加于操作机的输入端，也是一个矢量。给定作用 **G** 是输出量 **X** 的目标值，即 **X** 要求变化的规律，通常是以程序形式给出的时间函数。**G** 的给定可以通过计算工业机器人的运动轨迹来编制程序，也可以通过示教法来编制程序。这就是程序控制系统的主要特点，即系统的控制程序是在工业机器人进行作业之前确定的，或者说工业机器人是按预定的程序工作的。

(2) 适应性控制系统　适应性控制系统多用于第二代工业机器人，即具有知觉的工业机器人，它具有力觉、触觉或视觉等功能。在这类控制系统中，一般不事先给定运动轨迹，由系统根据外界环境的瞬时状态实现控制，而外界环境状态用相应的传感器来检测。系统框图如图 3-4 所示。

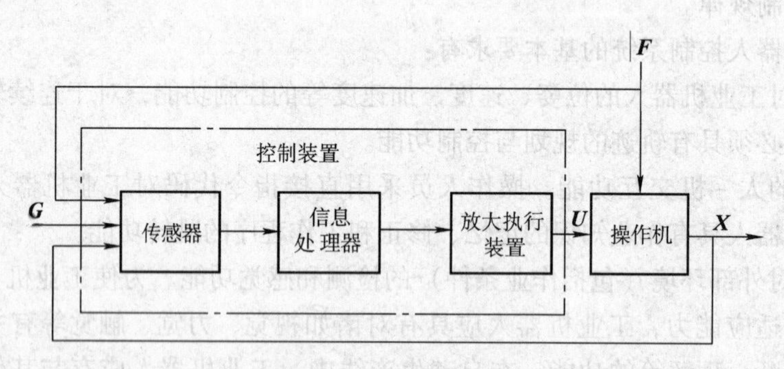

图 3-4　适应性控制系统

图中 **F** 是外部作用矢量，代表外部环境的变化；给定作用 **G** 是工业机器人的目标值，它并不简单地由程序给出，而是存在于环境之中，控制系统根据操作机与目标之间的坐标差值进行控制。显然这类系统要比程序控制系统复杂得多。

(3) 智能控制系统　智能控制系统是最高级、最完善的控制系统，在外界环境变化不定的条件下，为了保证所要求的品质，控制系统的结构和参数能自动改变，其框图如图 3-5 所示。

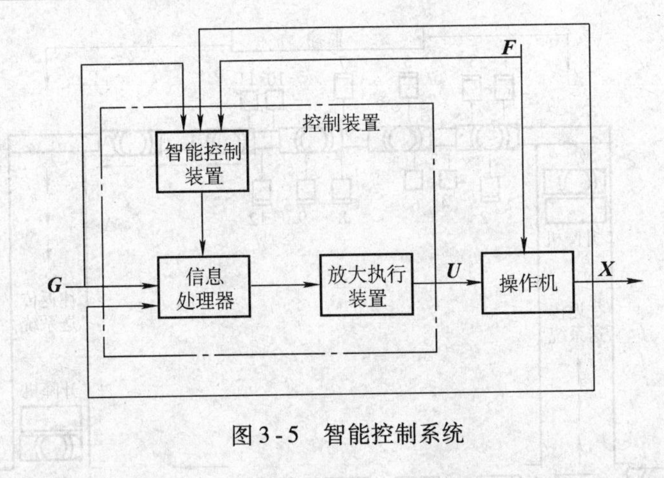

图3-5 智能控制系统

智能控制系统具有检测所需新信息的能力，并能通过学习和积累经验不断完善计划，该系统在某种程度上模拟了人的智力活动过程。具有智能控制系统的工业机器人为第三代工业机器人，即自治式工业机器人。

3.1.4 工业机器人的应用

目前全球至少有80万台工业机器人。其中日本拥有量约35万台，将近25万台在欧洲，北美约为11.2万台。在欧洲，德国拥有量最大（11.27万台），以下依次为意大利（5万台）、法国（2.6万台）、西班牙（2万台）、英国（1.4万台）。

目前工业机器人主要用于制造业中，其功能和性能在不断改善和提高，种类也越来越多，包括：机械加工机器人、焊接机器人、喷涂机器人、装配机器人、检查测量机器人、搬运机器人、码垛机器人等。

工业机器人的应用领域如此广泛，主要是因为具有如下的特点：

1. 工业机器人从事单调重复的劳动

工业机器人能高强度地、持久地在各种工作环境中从事单调重复的劳动，使人类从繁重的体力劳动中解放出来。人在连续工作几小时以后，特别是重复性单调劳动，会产生疲劳和厌倦之感，工作效率下降，出错率上升。而工业机器人在正常的额定工作条件下是不受时间限制的。

例如，汽车制造生产线中的定位焊和螺纹件装配等工作量极大（每辆汽车有上千个焊点），且由于采用传送带流水作业，速度快，上下工序衔接严格，所以采用工业机器人作业可保质保量地完成生产任务。一个应用于汽车制造业的定位焊系统的实例如图3-6所示。它采用一个往复传送系统，把汽车车身移出主装配线进行点焊操作。传送带有7个工位，共有12台工业机器人。传送带为步进式，可对固定的工件进行焊接作业。每一台工业机器人都在它的工位上进行一系列焊接。整个焊接作业完成后，工件被送回主装配线。在这个应用中，工业机器人焊接的一个主要优点是焊接的持续稳定性。与人工焊接相比，由于焊接稳定，可以减少焊点的数量。

2. 工业机器人从事危险作业

工业机器人对工作环境有很强的适应能力，能代替人在有害场所从事危险工作。只要

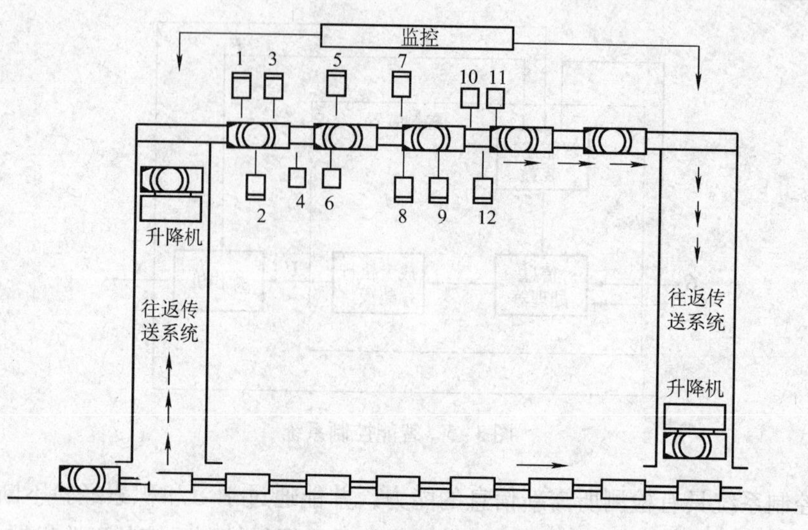

图 3-6 汽车制造业定位焊系统

1～12—工业机器人

根据工作环境的情况，对工业机器人的用材和结构进行适当的选择，并进行合理的设计，就可以在异常高温或低温、异常压力场合，在有害气体、粉尘、烟雾、放射性辐射等环境中从事操作作业，也可以由工业机器人代替人从事灭火、消爆、排雷、高空作业等危险作业。目前世界各国首先在冲压、压铸、热处理、锻压、喷漆、焊接、军工、水下作业等工种推广使用。

典型的喷漆工业机器人系统如图 3-7 所示。工业机器人采用可编程的示教再现型，它具有五个自由度，电液伺服。此系统还包括喷漆辅助设备和应用工程外围设备等。可用于从大型汽车到小型家用电器的自动喷涂作业。

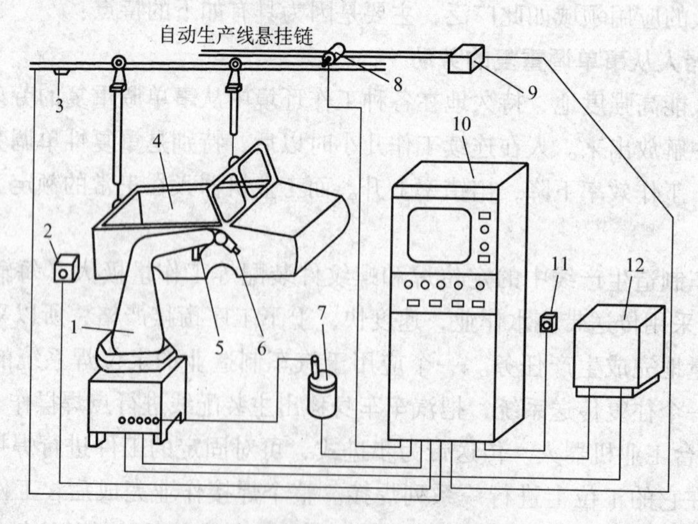

图 3-7 喷漆工业机器人系统示意图

1—操作机 2—识别装置 3—外起动 4—喷涂工件 5—示教手把 6—喷枪 7—漆罐 8—外同步控制 9—生产线停线控制 10—控制系统 11—遥控急停开关 12—油源

图 3 - 8 所示为一种使用平面关节型工业机器人的电弧焊接和切割的工业机器人系统。该系统由焊接工业机器人操作机及其控制装置、焊接电源、焊接工具及焊接材料供应装置、焊接夹具及其控制装置组成。

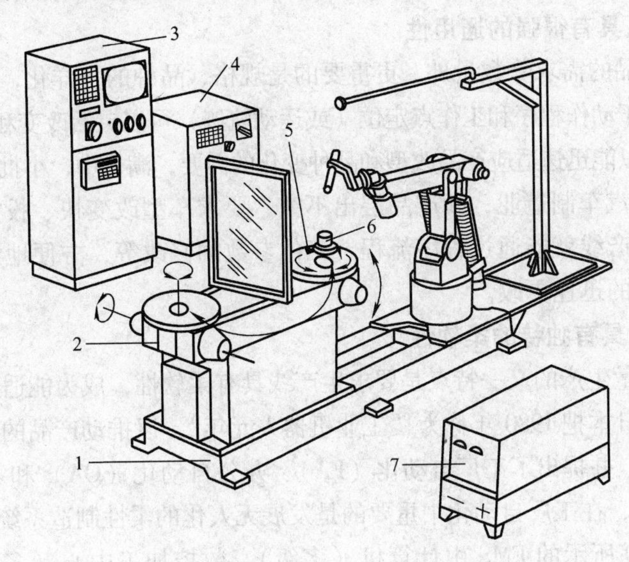

图 3 - 8　弧焊工业机器人系统

1—总机座　2—6 轴旋转换位器（胎具）　3—机器人本体控制装置
4—旋转胎具控制装置　5—工件夹具　6—工件　7—焊接电源

弧焊工业机器人操作机的外观及其传动系统如图 3 - 9 所示。该工业机器人由机身的回转 θ_1、大臂 10 绕 o_2 点的前后摆动回转 θ_2 和小臂 12 绕 o_3 点的上下俯仰回转 θ_3 构成位置坐标

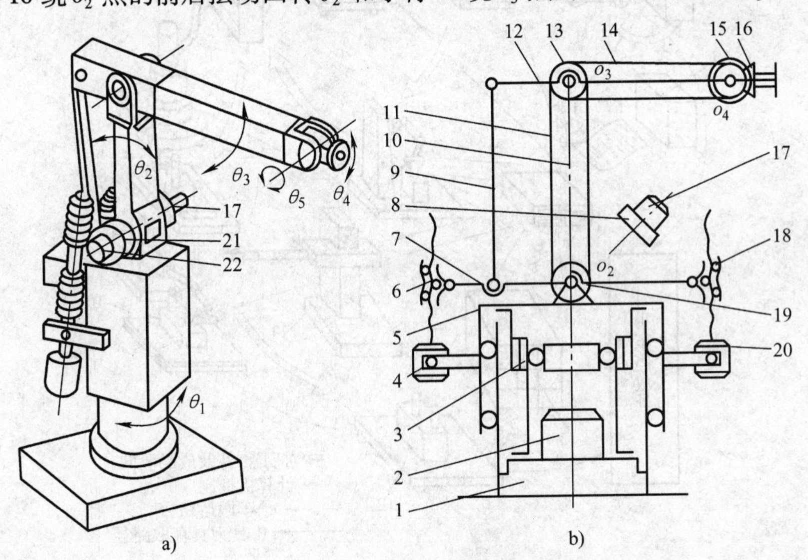

图 3 - 9　五自由度关节型工业机器人

a）外观图　b）传动系统图

1—机座　2、4、17、20、22—驱动电动机　3、8、21—谐波减速器　5—机身　6、18—滚珠丝杠副
7—连杆　9、10、12—手臂连杆　11、14—链条（4 条）　13、15、19—链轮（8 个）　16—锥齿轮传动

的三个自由度。小臂端部配置有手腕，可实现旋转运动 θ_5 和上下摆动 θ_4，形成手腕姿态的两个自由度。操作机的五个关节分别采用五个直流电动机伺服系统驱动，传动机构为谐波齿轮减速器、链传动、锥齿轮传动等。其中驱动电动机 4 和 20 直接带有谐波齿轮减速器。

3. 工业机器人具有很强的通用性

现代社会对产品的需求除数量外，更重要的是规格、品种的多样化，品种型号的不断更新。工业机器人由于动作程序和工作点定位（或运动轨迹）可以灵活改变和调整，并且具有较多运动自由度，所以能迅速适应产品改型和品种变化的需要，满足中、小批量生产的需要。

例如，当今的汽车制造业，新产品层出不穷，要求车型改变快、投资周期短，使用工业机器人的汽车生产线就能通过程序流程、工位参数的修改等，方便地满足焊点位置、焊点数目和焊点顺序的迅速更改。

4. 工业机器人具有独特的柔软性

产品中、小批量生产的又一特点是要求生产线具有柔软性，成为能适应加工多种零件的柔性生产线，因此日本把 1980 年称为“工业机器人元年”，以推动产品的快速更新换代及其多品种小批量生产，并提出了工厂自动化（FA）、办公自动化（OA）和家庭自动化（HA）的“3A”革命口号，在工厂自动化中重要的是发展无人化的柔性制造系统（FMS）。

例如，图 3 - 10 所示的 FMS 由计算机（多级）、数控加工中心（多台）、工业机器人

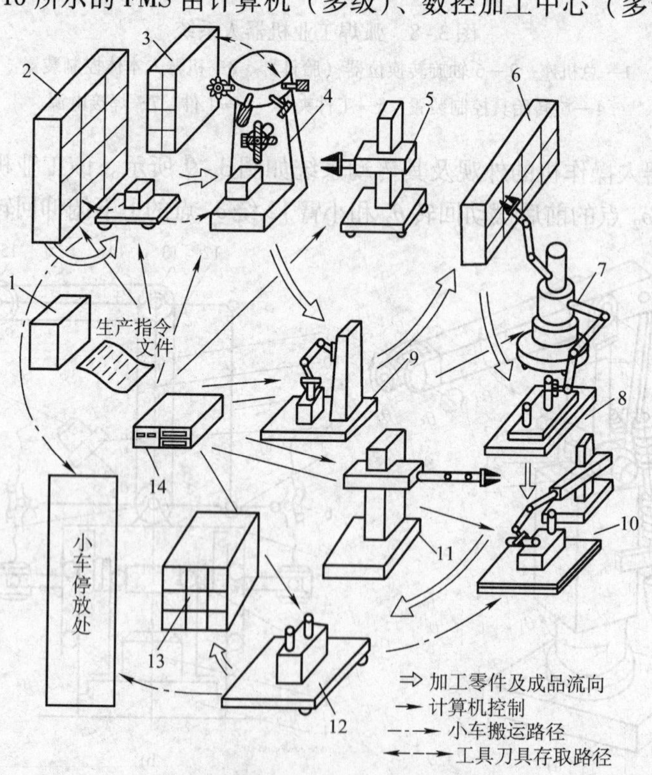

图 3 - 10 工业机器人在 FMS 中的应用

1—主计算机 2—材料自动化仓库 3—工具、刀具仓库 4—加工中心
5—搬运工业机器人 6—零件仓库 7—装配工业机器人 8—装配工作台 9—零件检查机器人
10—成品检验机器人 11—搬运机器人 12—搬运小车 13—成品仓库 14—小型计算机

(多种类型)、搬运小车以及自动化仓库等组成。它可以通过软件调整等手段加工多种零件，可以灵活、迅速地实现多品种，中、小批量生产。因此工业机器人在柔性制造系统中是极其重要和必不可少的。

5. 工业机器人具有高度的动作准确性

工业机器人动作准确性高，可保证产品质量的稳定性。工业机器人的操作精度是由其本身组成的软、硬件所决定的，不会受精神和生理等因素的影响，更不会因紧张和疲劳而降低动作的准确性。一些高、精、尖产品，如大规模集成电路的装配等，是非工业机器人所莫及的。

目前，精密装配机器人定位精度可达0.02～0.05mm，装配深度为30mm，配合间隙在10μm以下，若采用触觉反馈和柔性手腕，在轴心位置有较大偏离（5mm）时，也能自动补偿，准确装入零件。

SCARA是一种典型的装配机器人，共有四个自由度，其基本构造和运动情况如图3-11所示。两个水平回转臂（第一臂和第二臂）类似人的手臂，若在手部加一水平方向的力，θ_2轴就会作微小转动，顺从地移位，这种位移对弹性变形力有吸收作用，利用这一特性，可以较方便地进行轴与孔的装配作业。

SCARA手腕上装有有名的动柔性腕——RCC（Remote Center Compliance），即顺应中心式手腕，如图3-12所示。采用这种手腕的手部机构，能根据装配时的位置和倾角偏差产生的附加力，使腕部产生一个微小弹性变形，从而实现自动纠正并减小位置与倾斜偏差，使工件能顺利地被插到相应的孔中去，装配间隙为10μm。

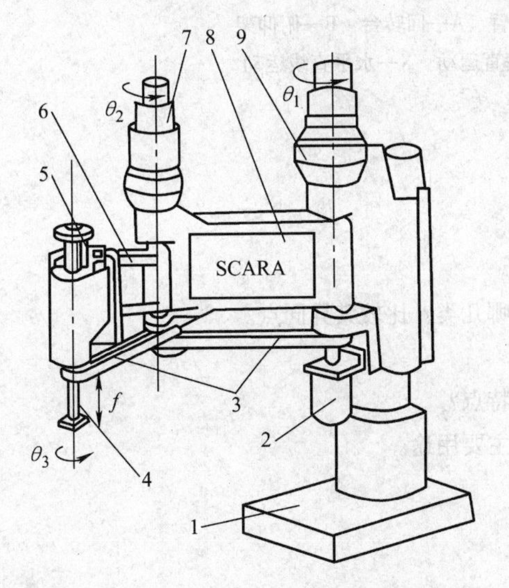

图3-11　SCARA的基本构造和运动情况

1—机座　2—步进电动机　3—两级齿形带传动　4—手腕　5—气缸　6—第二臂　7—第二臂驱动电动机　8—第一臂　9—第一臂驱动电动机

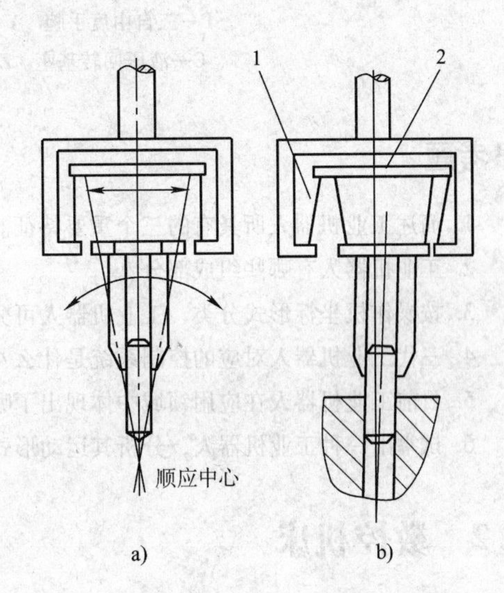

图3-12　RCC结构原理

a）无偏差　b）有偏差

1—弹簧　2—板簧

6. 采用工业机器人可以明显提高生产率和大幅度降低产品成本

例如，某机械公司采用由18个工业机器人和数控加工单元组成的生产精密机床的自动化系统，30天完成原人工操作需三个月的生产任务，两年收回全部投资。

任何事物都是从低级向高级逐渐发展与完善的。目前广泛应用的示教再现工业机器人还有不少技术问题需要解决，进一步提高工业机器人的运动速度、可靠性和稳定性还是今后的一个重要课题。智能工业机器人的开发研制是机器人技术的发展方向，而模块化组合式结构是一般工业机器人通用化、系列化、标准化的典型结构。图3-13所示为一种模块化组合式工业机器人。

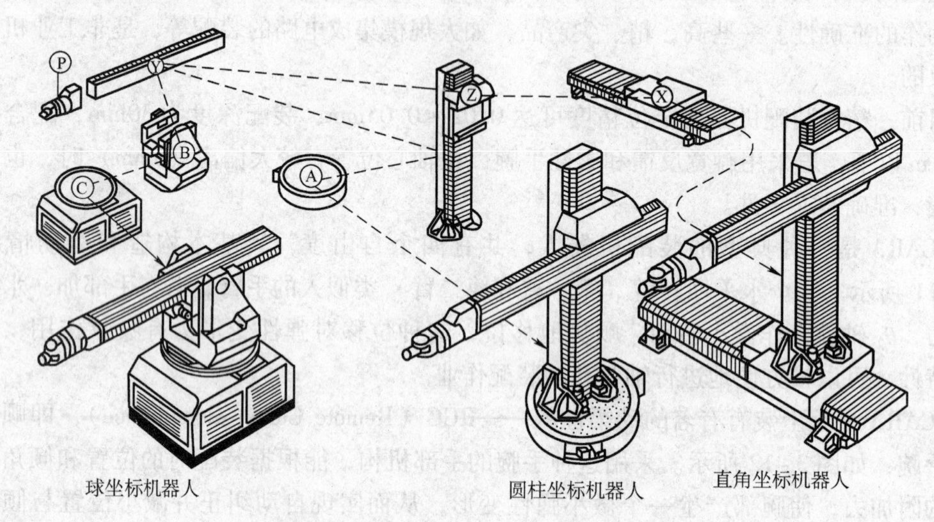

图3-13　模块化组合式工业机器人

P—三自由度手腕　Y—手臂　A—回转台　B—俯仰架

C—液压回转基座　Z—垂直运动　X—水平直线运动

思考题

1. 简述工业机器人所具有的三个重要特征。
2. 工业机器人有哪些组成部分？
3. 按操作机坐标形式分类，工业机器人可分为哪几类？比较其异同点。
4. 三代工业机器人对应的控制系统是什么？
5. 目前工业机器人在应用领域中体现出了哪些特点？
6. 试举出一种工业机器人，分析其运动形式及主要用途。

3.2　数控机床

教学目标：

1. 了解数控技术和数控系统的概念。
2. 了解数控技术的发展。
3. 熟悉数控机床的组成。
4. 了解数控机床的工作原理。

5. 了解数控系统的组成部分。
6. 了解数控机床的特点。
7. 了解数控机床的分类。
8. 了解开环控制、闭环控制和半闭环控制系统的特点。

3.2.1　数控技术

1. 数控系统的概念

数字控制（Numerical Control）技术，简称数控（NC）技术，是一种自动控制技术，它用数字指令来控制机床的运动。

采用数控技术的自动控制系统称为数控系统。装备了数控系统的机床称为数控机床。随着生产的发展，数控技术已不仅用于金属切削机床，同时还用于其他的机械设备，如三坐标测量机、工业机器人、激光切割机、数控雕刻机、电火花切割机等机器上。

2. 数控技术的发展

20 世纪 40 年代，飞机和导弹制造业发展迅速，原来的加工设备已无法承担加工航空工业需要的高精度的复杂型面零件。数控技术是为了解决复杂型面零件加工的自动化而产生的。1948 年，美国 PARSONS 公司在研制加工直升机叶片轮廓检验样板的机床时，首先提出了数控机床的设想，在麻省理工学院（MIT）伺服机构研究所的协助下，于 1952 年成功研制了世界上第一台三坐标数控铣床样机。后又经过三年时间的改进和自动程序编制的研究，数控机床进入了实用阶段，市场上出现了商品化数控机床，在复杂曲面的加工中发挥了重要的作用。

随着微电子和计算机技术的不断发展，数控系统也随着不断更新，发展异常迅速，几乎五年左右时间就更新换代一次。从第一台数控机床诞生起，已经历以下几代变化。

第一代数控系统：1952～1959 年采用电子管构成的专用数控（NC）系统。

第二代数控系统：从 1959 年开始采用晶体管电路的 NC 系统。

第三代数控系统：从 1965 年开始采用小、中规模集成电路的 NC 系统。

第四代数控系统：从 1970 年开始采用大规模集成电路的小型通用电子计算机控制的系统（CNC 系统）。

第五代数控系统：从 1974 年开始采用微型电子计算机数字控制（Microcomputer Numerical Control，MNC）的系统。

3.2.2　数控机床的组成与工作原理

1. 数控机床的组成

数控机床一般由信息载体、数控系统和机床本体组成。而数控系统由输入/输出装置、计算机数控装置、可编程序控制器和伺服驱动装置四部分组成，有些数控系统还配有位置检测装置，其结构框图如图 3-14 所示。

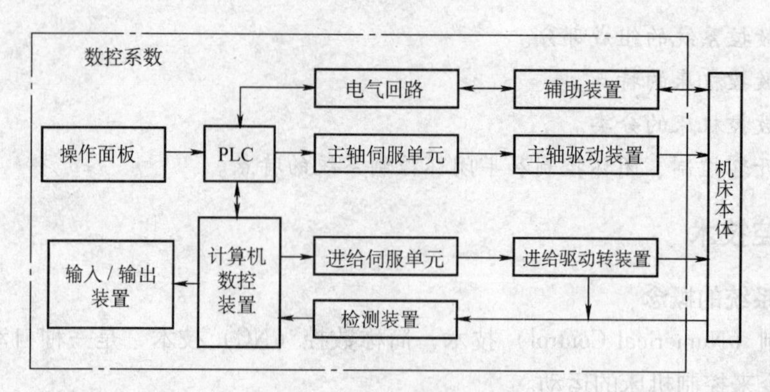

图3-14 数控机床的组成

(1) 信息载体 信息载体又称控制介质，用于记载各种加工信息，如刀具和零件的相对运动数据、工艺参数（进给速度、主轴转速等）和辅助运动等，以控制机床的运动，实现零件的加工。

(2) 数控系统 这是数控机床的核心，它的功能是接受输入装置输入的加工信息，完成数控计算、逻辑判断、输入输出控制等功能。计算机数控系统一般由输入/输出装置、计算机数控装置、可编程序控制器、伺服驱动装置和位置检测装置等组成。

1) 输入/输出装置。数控机床在进行加工前，必须接受由操作人员输入的零件加工程序，然后才能根据输入的加工程序进行加工控制，从而加工出所需的零件。

数控系统操作面板和显示器是数控系统不可缺少的人机交互设备，操作人员可通过数控系统操作面板和显示器输入程序、编辑修改程序和发送操作命令。数控系统通过显示器为操作人员提供必要的信息，根据系统所处的状态和操作命令的不同，显示的信息可以是正在编辑的程序，或是机床的加工信息。较简单的显示器只有若干个数码管，显示的信息也很有限；较高级的系统一般配有 CRT（阴极射线管）显示器或点阵式液晶显示器，显示的信息较丰富；低档的显示器只能显示字符，中、高档的显示系统能显示图形。

2) 计算机数控装置。计算机数控装置是数控系统的核心。它的主要功能是将输入装置传送的数控加工程序，经数控系统软件进行译码、插补运算和速度预处理，输出相应的指令脉冲以驱动伺服系统，进而控制机床动作。

3) 可编程序控制器。在数控系统中除了进行轮廓轨迹控制和点位控制外，还应控制一些开关量，如主轴的启动与停止、冷却液的开与关、刀具的更换、工作台的夹紧与松开等，主要由可编程序控制器来完成。

4) 伺服驱动装置。伺服驱动装置又称伺服系统，它是 CNC 装置和机床本体的联系环节，它把来自 CNC 装置的微弱指令信号调解、转换、放大后驱动伺服电动机，通过执行部件驱动机床运动，使工作台精确定位或使刀具与工件按规定的轨迹作相对运动，最后加工出符合图样要求的零件。数控机床的伺服驱动装置包括主轴驱动单元（主要是转速控制）、进给驱动单元（包括位移和速度控制）、回转工作台和刀库伺服控制装置以及它们相应的伺服电动机等。

5) 位置检测装置。位置检测装置主要用于闭环和半闭环系统。检测装置检测出实际的位移量，反馈给 CNC 装置中的比较器，与 CNC 装置发出的指令信号比较，如果有差值，就发出运动控制信号，控制数控机床移动部件向消除该差值的方向移动。不断比较指令信号与反馈信号，然后进行控制，直到差值为零，运动停止。

常用检测装置有旋转变压器、编码器、感应同步器、光栅、磁栅、霍尔检测元件等。

（3）机床本体　机床本体是用于完成各种切削加工的机械部分。根据不同的零件加工要求，有车床、铣床、镗床、重型机床、电加工机床、绘图机、测量机等。与普通机床不同的是，数控机床的主体结构上具有如下特点：

1）由于大多数数控机床采用了高性能的主轴及伺服传动系统，因此，数控机床的机械传动结构得到了简化，传动链较短。

2）为了适应数控机床连续地自动化加工，数控机床机械结构具有较高的动态刚度、阻尼精度及耐磨性，热变形较小。

3）更多地采用高效传动部件，如滚珠丝杠副、直线滚动导轨等。

2. 数控机床的工作原理

首先，根据零件加工图样的要求确定零件加工的工艺过程、工艺参数和刀具位移数据，再按编程手册的有关规定编写零件加工程序。其次，把零件加工程序输入到数控系统。数控装置的系统程序将对加工程序进行译码与运算，发出相应的命令，通过伺服系统驱动机床的各运动部件，并控制所需要的辅助动作，最后加工出合格的零件。

系统程序存于计算机内存中。所有的数控功能基本上都依靠该程序完成，如输入、译码、数据处理、插补、伺服控制等。下面简单介绍计算机数控系统的工作过程。

（1）输入　数控装置使用标准串行通信接口与微型计算机相连接，实现零件加工程序和参数的传送。

零件加工程序较短时，也可直接用系统操作面板键盘将程序输入到数控装置。

零件加工程序较长时，通过系统自备的 RS－232 通信接口与微型计算机相连接，利用通信软件传输零件加工程序。

（2）译码　输入的程序段含有零件的轮廓信息（起点、终点、直线、圆弧等）、要求的加工速度以及其他的辅助信息（换刀、换挡、冷却液等）。计算机依靠译码程序来识别这些数据符号，译码程序将零件加工程序翻译成计算机内部能识别的语言。

（3）数据处理　数据处理程序一般包括刀具半径补偿、速度计算以及辅助功能的处理。刀具半径补偿是把零件轮廓轨迹转化为刀具中心轨迹。这是因为轮廓轨迹的实现是靠刀具的运动来实现的缘故。速度计算是解决该加工数据段以什么样的速度运动的问题。加工速度的确定是一个工艺问题。CNC 系统仅仅是保证这个编程速度的可靠实现。另外，辅助功能如换刀、换挡等也在这个程序中处理。

（4）插补　插补，即知道了一个曲线的种类、起点、终点以及速度后，在起点和终点之间进行数据点的密化。计算机数控系统中有一个采样周期，在每个采样周期形成一个微小的数据段。若干次采样周期后完成一个数据段的加工，即从数据段的起点走到终点。计算机数控系统是一边插补，一边加工的。本次采样周期内插补程序的作用是计算下一个采样周期的位置增量。一个数据段正式插补加工前，必须先完成诸如换刀、换挡、冷却液等功能，即只有辅助功能完成后才能进行插补。

（5）伺服控制　伺服控制的功能是根据不同的控制方式（如开环、闭环），把来自数控系统插补输出的脉冲信号经过功率放大，通过驱动元件和机械传动机构，使机床的执行机构按规定的轨迹和速度加工。

（6）管理程序 当一个数据段开始插补时，管理程序即着手准备下一个数据段的读入、译码、数据处理。即由它调用各个功能子程序，且保证一个数据段加工过程中将下一个程序段准备完毕。一旦本数据段加工完毕，即开始下一个数据段的插补加工。整个零件加工就是在这种周而复始的过程中完成。

3.2.3 数控机床的特点

1. 数控机床的优点

数控机床是一种高效能的自动加工机床，是一种典型的机电一体化产品。采用数控技术的金属切削机床与普通机床相比具有以下一些优点：

1）高柔性。用数控机床加工形状复杂的零件或新产品时，不必像普通机床那样需要很多工装，而仅需要少量工夹具和重新编制加工程序，这为单件、小批量零件加工及试制新产品提供了极大的便利。

2）高精度。目前数控机床的脉冲当量普遍达到了0.001mm，而且进给传动链的反向间隙与丝杠螺距误差等均可由数控装置进行补偿，因此，数控机床能达到很高的加工精度。

3）高效率。零件加工所需的时间主要包括机动时间和辅助时间两部分。数控机床主轴的转速和进给速度的变化范围比普通机床大，因此，数控机床每一道工序都可选用最有利的切削用量。由于数控机床的结构刚性好，因此允许进行大切削用量的强力切削，提高了数控机床的切削效率，节省了机动时间。数控机床的移动部件空行程运动速度快，工件装夹时间短，辅助时间比普通机床少。数控机床通常不需要专用的工夹具，因而可省去工夹具的设计和制造时间。在加工中心机床上加工零件时，可实现多道工序的连续加工，生产效率的提高更为明显。

4）自动化程度高。数控机床对零件的加工是按事先编好的程序自动完成，操作者除了操作键盘、装卸工件、关键工序尺寸中间检测，以及观察机床运行之外，操作者不需要进行繁重的重复性手工操作，劳动强度大大减轻。

5）能加工复杂型面。数控机床可以加工普通机床难以加工的复杂型面零件。

6）便于现代化管理。用数控机床加工零件，能精确地估算零件的加工工时，有助于精确编制生产进度表，有利于生产管理的现代化。数控机床使用数字信息与标准代码输入，最适宜于数字计算机联网，便于实现计算机辅助制造（CAM）和发展柔性生产。

2. 数控机床的不足之处

数控机床存在的不足之处是：

1）数控机床的价格较贵。

2）调试和维修比较复杂，需要专门的技术人员。

3）对编程人员和操作人员的技术水平要求较高。

3. 数控机床的适用范围

数控机床具有普通机床所不具备的许多优点，其应用范围正在不断扩大，最适合加工以下零件：

1）多品种小批量零件。图3-15表示了通用机床、专用机床和数控机床加工批量与成本的关系。从图中可以看出零件加工批量增大对于选用数控机床是不利的。

2）形状结构比较复杂的零件。图3-16所示为数控机床非常适合加工形状复杂的零件。

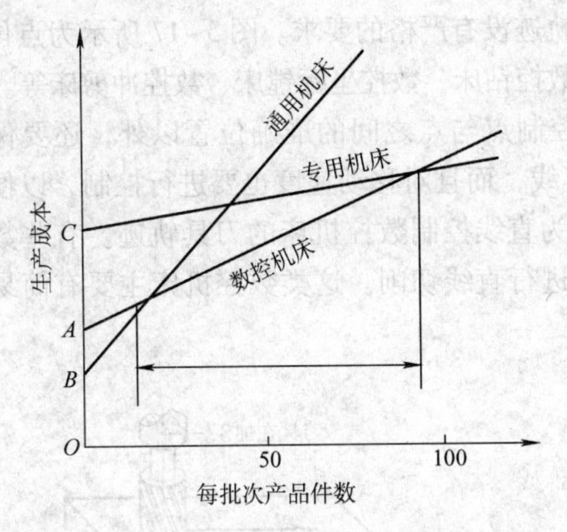

图3-15　各种机床的加工批量与成本的关系

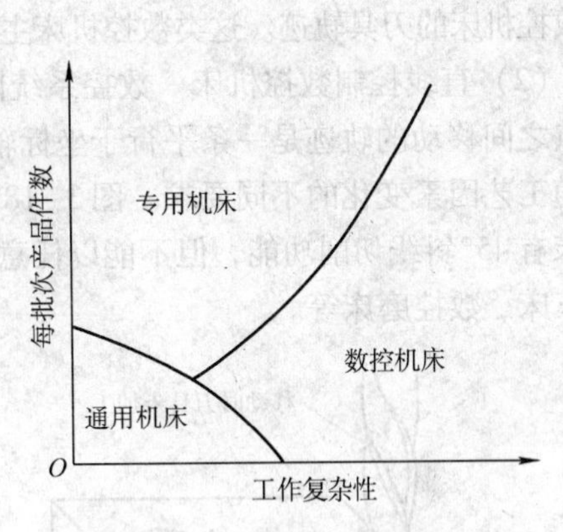

图3-16　各种机床的使用范围

3）需要频繁改型设计的零件。

4）价格昂贵、不允许报废的关键零件。如飞机大梁零件，此零件虽不多，但若加工中出现差错而报废，将造成巨大的经济损失。

5）必须严格控制位置要求的零件。如箱体类零件、航空附件壳体等。

3.2.4　数控机床的分类

1. 按工艺用途分类

（1）普通数控机床　这类数控机床和传统的通用机床一样，有数控的车、铣、钻、镗、磨床等，而且每一类里又有很多品种，例如数控铣床中就有立铣、卧铣、工具铣、龙门铣等，这类机床的工艺性能和通用机床相似，所不同的是它能自动加工具有复杂形状的零件。

（2）加工中心机床　这是一种在普通数控机床上加装一个刀库和自动换刀装置而构成的数控机床。它和普通数控机床的区别是：工件经一次装夹后，数控系统就能控制机床自动地更换刀具，连续地对工件各加工面进行铣（车）、镗、钻、铰及攻丝等多工序加工，这就大大减少了机床台套数。由于减少了多次安装造成的定位误差，从而提高了各加工面间的位置精度。

（3）金属成形类数控机床　有数控折弯机、数控弯管机、数控回转头压力机等。

（4）多坐标数控机床　有些复杂形状的零件，用三坐标的数控机床还是无法加工，如螺旋桨、飞机机翼曲面及其他复杂零件的加工等，都需要三个以上坐标的合成运动才能加工出所需的形状，于是出现了多坐标数控机床。多坐标数控机床的特点是数控装置控制的轴数较多，机床结构也比较复杂，坐标轴数的多少通常取决于加工零件的复杂程度和工艺要求。现在常用的有4～6个坐标联动的数控机床。

(5) 数控特种加工机床　数控特种加工机床包括数控线切割机床、数控电火花加工机床、数控激光切割机床等。

2. 按机床运动的控制轨迹分类

(1) 点位控制数控机床　数控系统只控制刀具从一点到另一点的准确定位，在移动过程中不进行加工，对两点间的移动速度及运动轨迹没有严格的要求。图3-17所示为点位控制数控机床的刀具轨迹。这类数控机床主要有数控钻床、数控坐标镗床、数控冲剪床等。

(2) 直线控制数控机床　数控系统除了控制点与点之间的准确位置以外，还要保证两点之间移动的轨迹是一条平行于坐标轴的直线，而且对移动速度也要进行控制，以便适应随工艺因素变化的不同要求。图3-18所示为直线控制数控机床的刀具轨迹。有些数控机床有45°斜线切削功能，但不能以任意斜率进行直线切削。这类数控机床主要有简易数控车床、数控磨床等。

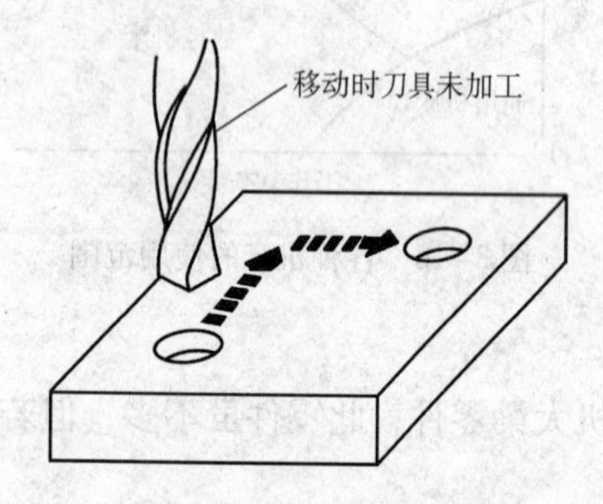

图3-17　点位控制数控机床的刀具轨迹

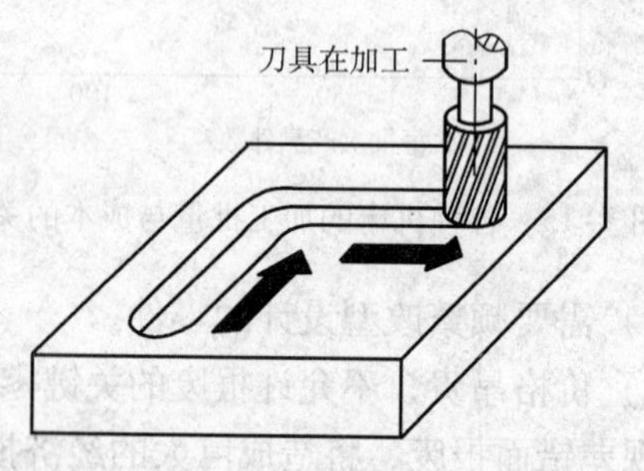

图3-18　直线控制数控机床的刀具轨迹

(3) 轮廓控制数控机床　数控系统能同时对两个或两个以上的坐标轴进行连续相关的控制，不仅能控制轮廓的起点和终点，而且还要控制轨迹上每一点的速度和位移。轮廓控制要比点位控制更为复杂，需要在加工过程中不断进行多坐标轴之间的插补运算，实现相应的速度和位移控制。很显然，轮廓控制包含了点位控制和直线控制。这类数控机床主要有数控车床、数控铣床和加工中心等。图3-19所示为轮廓控制数控机床的刀具轨迹。

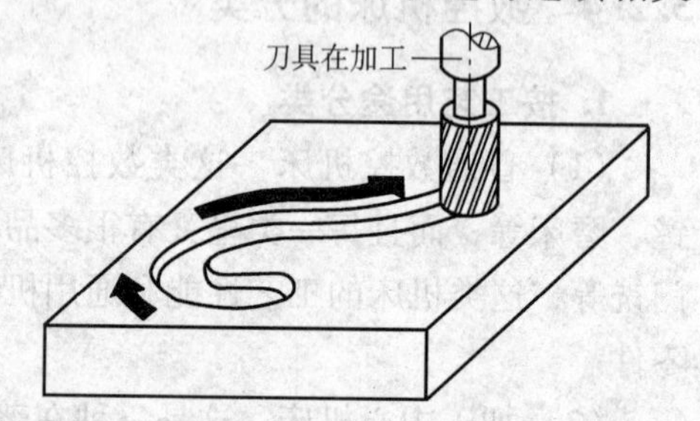

图3-19　轮廓控制数控机床的刀具轨迹

随着计算机数控装置的发展，如增加轮廓控制功能，只需增加插补运算软件即可，几乎不带来成本的提高。因此，除少数专用的数控机床（如数控钻床、冲床等）以外，现代的数控机床都具有轮廓控制功能。

对于轮廓控制的数控机床，根据同时控制坐标轴的数目还可分为二轴联动、二轴半联动、三轴联动、四轴联动和五轴联动。

3. 按伺服系统的控制方式分类

(1) 开环控制系统的数控机床　开环控制系统的数控机床不带位置检测元件，通常使用功率步进电动机作为执行部件。数控装置每发出一个指令脉冲，经驱动电路功率放大后，就驱动步进电动机旋转一个角度，再由传动机构带动工作台移动。图 3 - 20 所示是一个典型的开环控制系统。

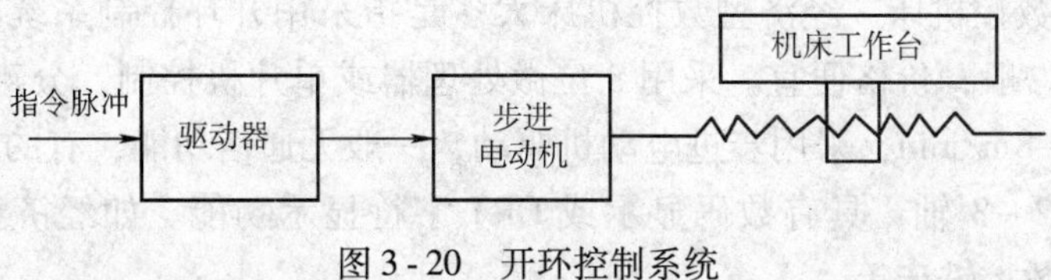

图 3 - 20　开环控制系统

开环控制系统的数控机床受步进电动机的步距精度和传动机构的传动精度影响，难以实现高精度加工。但由于系统结构简单、成本较低、技术容易掌握，所以使用仍较为广泛。经济型数控机床和普通机床的数控化改造大多采用开环控制系统。

（2）闭环控制系统的数控机床　图 3 - 21 所示为一典型的闭环控制系统。闭环控制系统在机床运动部件或工作台上直接安装直线位移检测装置，将检测到的实际位移反馈到数控装置的比较器中，与程序指令值进行比较，用差值进行控制，直到差值为零。从理论上讲，闭环控制系统的运动精度主要取决于检测装置的检测精度，而与传动链的误差无关。但对机床结构及传动链仍然提出了严格的要求，传动系统的刚性不足及间隙的存在，导轨的低速爬行等因素都会增加系统调试的困难，甚至会使数控机床的伺服系统工作时产生振荡。

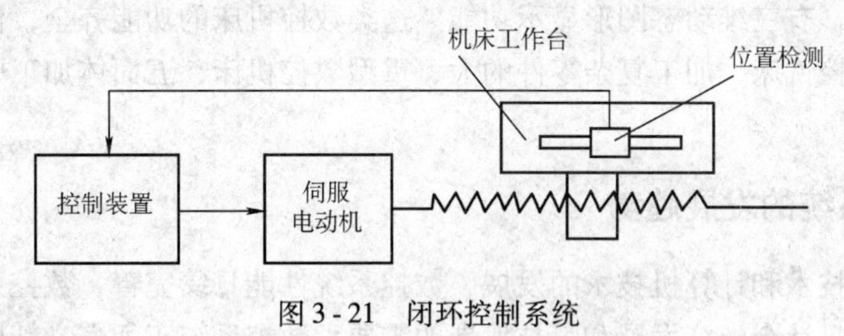

图 3 - 21　闭环控制系统

闭环控制可以获得比开环控制系统精度更高、速度更快、驱动功率更大的特性指标。但其成本较高，结构复杂，调试维修困难，主要用于精度要求很高的数控坐标镗床、数控精密磨床等。

（3）半闭环控制系统的数控机床　如果将角位移检测装置安装在驱动电动机的端部，或安装在传动丝杠端部，间接测量执行部件的实际位置或位移，就是半闭环控制系统。图 3 - 22 所示为一半闭环控制系统。它介于开环和闭环控制系统之间，获得的位移精度比开环高，但比闭环要低。与闭环控制系统相比，易于实现系统的稳定性。现在大多数数控机床都采用半闭环控制系统。

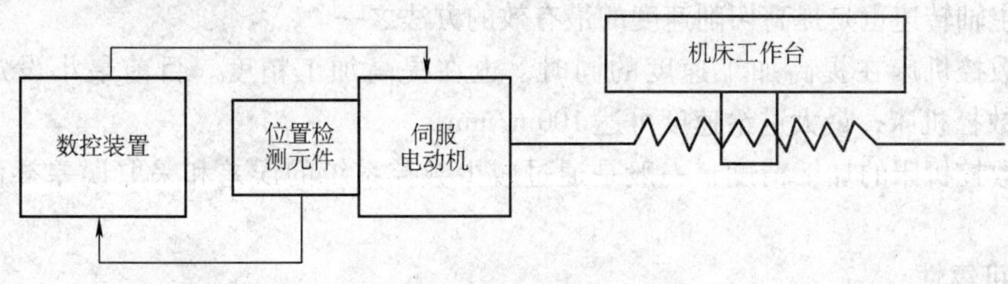

图 3 - 22　半闭环控制系统

4. 按数控系统功能水平分类

按数控系统的功能水平，可分为经济型、普及型和高档型数控机床三种。

（1）经济型数控机床　经济型数控机床大多是指采用开环控制系统的数控机床，其功能简单，精度一般，价格便宜。采用 8 位微处理器或单片机控制，分辨率为 10μm，快速进给速度在 6 ~ 8m/min，采用步进电动机驱动，一般无通信功能，有的具有 RS - 232 接口，联动轴数为 2 ~ 3 轴，具有数码显示或 CRT 字符显示功能。如经济型数控线切割机床、数控车床、数控铣床等。

（2）普及型数控机床　普及型数控机床又称全功能数控机床，大多采用交流或直流伺服电动机实现半闭环控制，其功能较多，以实用为主，还具有一定的图形显示功能及面向用户的宏程序功能等。采用 16 位或 32 位微处理器，分辨率为 1μm，快速进给速度在 15 ~ 24m/min 之间，具有 RS - 232 接口，联动轴数为 2 ~ 5 轴。

这类数控机床的功能较全，价格适中，应用较广。

（3）高档型数控机床　高档型数控机床是指加工复杂形状的多轴联动加工中心，其工序集中、自动化程度高、功能强大，具有高柔性。一般采用 32 位以上微处理器，采用多微处理器结构。分辨率为 0.1μm，快速进给速度可达 100m/min 或更高，具有制造自动化协议（Manufacturing Automation Protocol，MAP）高性能通信接口，具有联网功能，联动轴数在 5 轴以上，有三维动态图形显示功能。这类数控机床的功能齐全，价格昂贵。如具有 5 轴以上的数控铣床，加工复杂零件的大、重型数控机床，五面体加工中心，车削加工中心等。

3.2.5　数控系统的发展趋势

随着微电子技术和计算机技术的发展，数控系统性能日臻完善，数控系统应用领域日益扩大。为了满足社会经济发展和科技发展的需要，数控系统正朝着高精度、高速度、高可靠性、智能化及开放性等方向发展。

1. 高速化和高精度化

速度和精度是数控系统的两个重要技术指标，它直接关系到加工效率和产品质量。要提高生产率，其中最主要的方法是提高切削速度。高速度主要取决于数控系统数据处理的速度，采用高速微处理器是提高数控系统速度的最有效手段。现代数控系统已普遍采用 32 位微处理器，其总线频率已达 40MHz，并有向 64 位微处理器发展的趋势。有的系统还制造了插补器的专用芯片，以提高插补速度，有的采用多微处理器系统，进一步提高了控制速度。

提高主轴转速也是提高切削速度的最有效的方法之一。

现代数控机床在提高加工速度的同时，也在提高加工精度。目前最小设定单位为 0.1μm 的数控机床，最大进给速度可达 100m/min。

提高数控机床的加工精度，一般是通过减少数控系统的误差和采取误差补偿技术来实现。

2. 高可靠性

现代数控机床已大量使用高集成度和高质量的硬件，大大降低了数控机床的故障率。

衡量可靠性的重要指标是平均无故障工作时间（MTBF），现代数控系统的平均无故障工作时间可达到10 000～36 000h。此外，现代数控系统还具有人工智能功能的故障诊断系统，能对潜在的和发生的故障发出警报，提示解决方法。

3. 智能化

数控系统应用高技术的重要目标是智能化，主要体现在以下几个方面：

1）自适应控制技术。通常数控机床是按照预先编好的程序进行工作的，由于加工过程中的不确定因素，如毛坯余量和硬度的不均匀、刀具的磨损等难以预测，为了保证质量，编程时一般采用比较保守的切削用量，从而降低了加工效率。自适应控制系统可以在加工过程中随时对主轴转矩、切削力、切削温度、刀具磨损参数进行自动检测，并由微处理器进行比较运算后及时调整切削参数，使加工过程始终处于最佳状态。

2）自动编程技术。为了提高编程效率和质量，降低对操作人员技术水平的要求，现代数控系统附加人机会话自动编程软件，实现自动编程。

3）具有设备故障自诊断功能。数控系统发生故障，控制系统能够进行自诊断，并自动采取排除故障的措施，以适应长时间无人操作环境的要求。

4）引进模式识别技术。应用图像识别和声控技术，使机器能够根据零件的图像信息，按图样自动加工，或按照自然语言指令进行加工。

4. 具有更高的通信功能

为了适应自动化技术的进一步发展，一般数控系统都具有 RS－232 和 RS－422 高速远距离串行接口。可按照用户级的要求，与上一级计算机进行数据交换。高档的数控系统应具有直接数字控制（Direct Numerical Control，DNC）接口，可以实现几台数控机床之间的数据通信，也可以直接对几台数控机床进行控制。不少数控系统采用 MAP 工业控制网络，可以很方便地进入柔性制造系统和计算机集成制造系统。

5. 开放性

由于数控系统生产厂家技术的保密，传统的数控系统是一种专用封闭式系统，各个厂家的产品之间以及与通用计算机之间不兼容，维修、升级困难，难以满足市场对数控技术的要求。针对这些情况，人们提出了开放式数控系统的概念，国内外数控系统生产厂家正在大力研发开放式数控系统。开放性数控系统具有标准化的人机界面和编程语言，软、硬件兼容，维修方便。

思考题

1. 什么是数控技术？什么是计算机数控系统？什么是数控机床？
2. 数控机床由哪几部分组成？
3. 数控系统由哪几部分组成？各部分的基本功能是什么？
4. 数控机床的工作原理。
5. 数控机床有哪些优点？有哪些不足之处？
6. 数控机床适合加工哪些零件？
7. 大批量生产时选用数控机床加工合适吗？
8. 何为点位控制、直线控制和轮廓控制？三者有何区别？
9. 数控机床按伺服系统的控制方式可分为哪三类？它们各有何特点？

10. 经济型数控机床一般采用什么控制方式?
11. 数控系统的发展趋势。
12. 数控系统有哪两个重要技术指标?

3.3 家用电器(全自动洗衣机)

教学目标:

1. 了解家用电器中全自动洗衣机的结构。
2. 了解全自动洗衣机的工作原理。

随着科技的发展，除了机器人、数控机床等设备是机电一体化的产品，很多的家用电器由于采用了新的技术，也成为机电一体化产品中的一员，如全自动洗衣机、微波炉、空调等等。下面以常见的全自动洗衣机为例，介绍这类机电一体化产品的结构和工作原理。

3.3.1 全自动洗衣机

全自动洗衣机是能将洗涤、漂洗、脱水各功能间的转换全部不用手工操作，包括进水、排水在内的各工序都可以用程序控制器自动控制的洗衣机。衣物放入洗衣机后能自动洗涤、漂洗、脱水，全部程序自动完成。当衣物甩干后，蜂鸣器会发出声响。全自动洗衣机多为套桶洗衣机，即洗衣桶和脱水桶套装在一起。现在还有带有传感器的高级微型计算机控制的全自动洗衣机，具有人工智能，它能根据洗涤物的数量、种类、脏污程度，自动选定对洗涤物的最佳程序，自动进行洗涤。

全自动洗衣机常见的有两种类型：波轮式和滚筒式。波轮式洗衣机是在洗衣桶的底部中心处装有一个波轮，波轮旋转时，洗涤液在桶内形成螺旋状涡卷水流，从而带动衣物旋转翻动而达到洗涤目的。其特点是洗涤时间短，洗净度较高，适宜于洗涤棉、麻、纤和混纺等织物，但是易使衣物缠绕，影响洗净的均匀性，磨损率也较高。滚筒式洗衣机采用套桶装置，内桶为圆柱形卧置的滚筒，筒内有3~4条凸棱，当滚筒绕轴心旋转时，带动衣物翻滚，并循环反复地摔落在洗涤液中，从而达到洗涤的目的。其特点是洗涤动作比较柔和，对衣物的磨损小，用水量小，适合洗涤毛料织物。但是机器结构复杂，洗净度低，耗电量大，售价较高。现在滚筒式的全自动洗衣机使用较广泛，下面以全自动滚筒式洗衣机为例，讲解全自动洗衣机的结构及工作原理。

3.3.2 全自动滚筒式洗衣机的基本结构

全自动滚筒式洗衣机按衣物投入的方式，可分成前开门式和顶开门式两种，具体的外部结构如图3-23所示，全自动洗衣机尽管型号很多，但是其基本结构大致相同。从整体上可分成洗涤脱水系统、传动系统、操作系统、支承系统、给排水系统和电气系统。

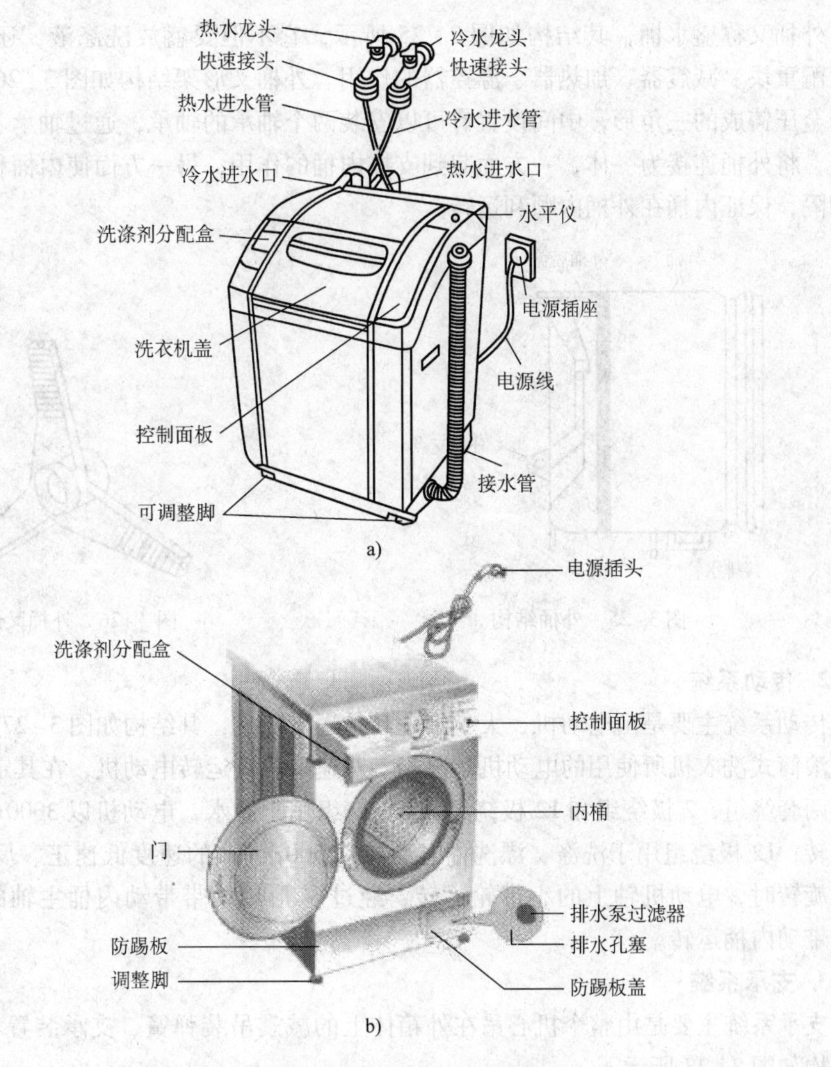

图3-23　全自动滚筒式洗衣机的外部结构
a）顶开门式　b）前开门式

1. 洗涤脱水系统

洗涤脱水系统主要由内桶（滚筒）、外桶（盛水桶）、内桶叉形架、主轴、外桶叉形架、轴承等组成。

内桶又称滚筒，是洗衣机的主要部件，一般由0.5mm的不锈钢板制成，桶壁布满直径为5mm的圆孔，孔与孔之间距离20mm，桶的内壁光滑，桶壁上沿直径方向安装三条凸筋，称为提升筋，提升筋的高度为85mm左右，横截面为三角形。当内桶旋转时，提升筋带动衣物翻滚，达到冲洗和揉搓的作用。内桶叉形架用于支撑内桶，其结构如图3-24所示，它是由叉形架、主轴和轴套铸成一体。并与内桶铆接在一起，安装在外桶内。

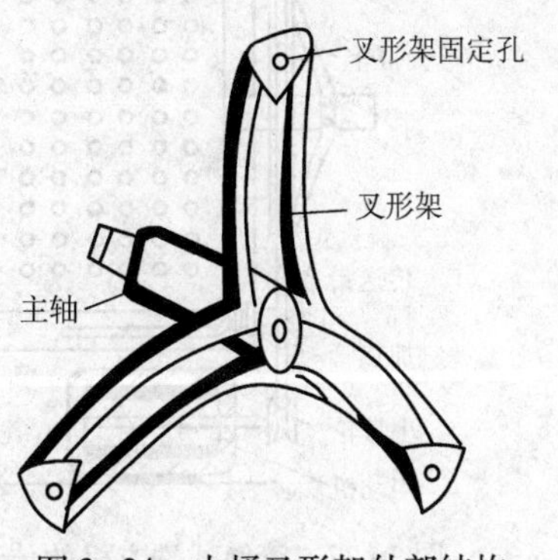

图3-24　内桶叉形架外部结构

外桶又称盛水桶，其结构如图 3 - 25 所示，它不但要盛放洗涤液，还要起支撑电动机、配重块、减震器、加热器、温控器的作用。外桶叉形架结构如图 3 - 26 所示，是一个铝合金压铸成的三角形，中间设置有可以安装两个轴承的轴承，通过轴承、主轴、内桶叉形架，将外桶连接为一体，一方面起到支撑内桶的作用，另一方面使内桶和外桶保持一定的间隔，保证内桶在外桶内顺利运转。

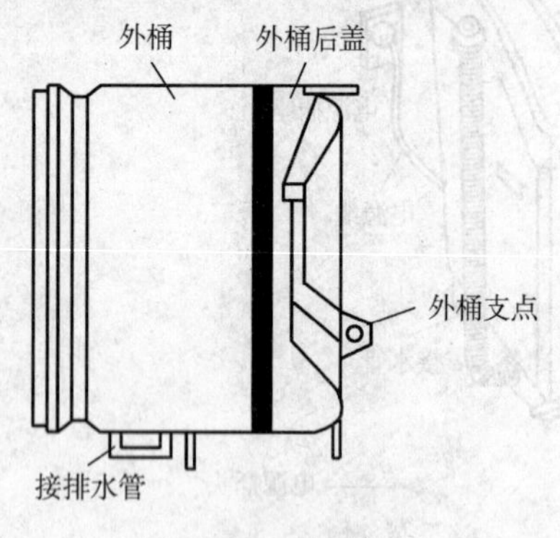

图 3 - 25 外桶结构

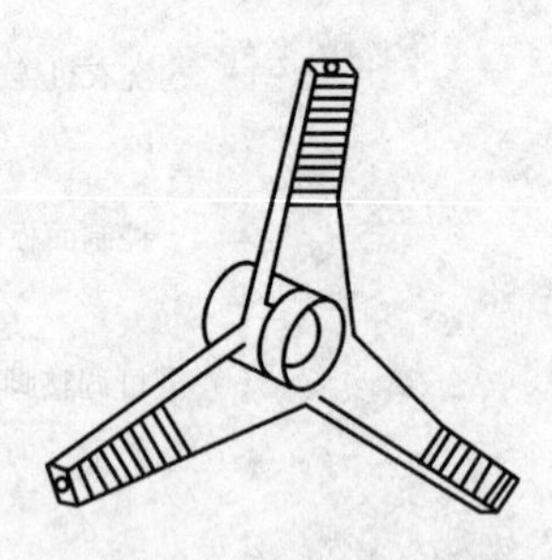

图 3 - 26 外桶叉形架

2. 传动系统

传动系统主要是由电动机、大小带轮和传送带组成，其结构如图 3 - 27 所示。

滚筒式洗衣机所使用的电动机是单相、双速电容式运转电动机，在其定子铁心内同时嵌放两套绕组，2 极绕组和 12 极绕组，2 极绕组用于脱水，电动机以 3000r/min 的速度高速旋转；12 极绕组用于洗涤、漂洗，电动机以 500r/min 的速度低速正、反转旋转。当电动机旋转时，电动机轴上的小带轮运转，经过 V 形传动带带动内桶主轴的大带轮运转，从而带动内桶运转。

3. 支承系统

支承系统主要是由整个机心吊在外箱体上的减震吊装弹簧、支承装置和箱体等组成，其结构如图 3 - 28 所示。

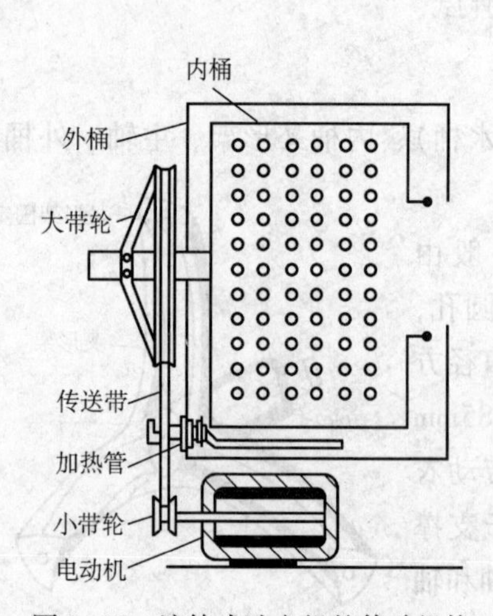

图 3 - 27 滚筒式洗衣机的传动机构

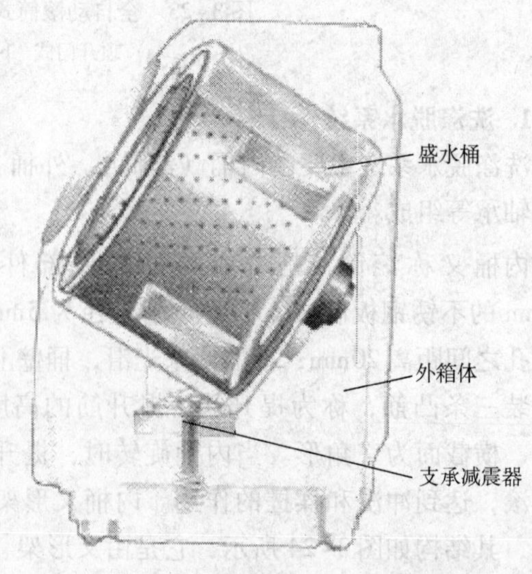

图 3 - 28 滚筒式洗衣机支承系统结构

外桶上部有四个角装有四根减震吊装弹簧，将整个运动件都吊装在外桶上，外桶底座装有两个弹性支承减震器，将整个运动件支承在外箱体的底座上，这样就将整个运动件悬挂起来，减少洗衣机工作时的振动和噪声。

4. 给排水系统

给排水系统主要有进水管、进水电磁阀、洗涤盒、回旋进水管、溢水管、过滤器、排水泵和排水管等组成。该系统的主要部件是进水电磁阀和排水泵。进水电磁阀主要有电磁线圈、铁心、过滤网、阀座等部件组成。当电磁阀线圈通电时，在周围产生磁场，在磁场的作用下，阀芯被吸起，气孔被打开，由于水的压力将阀打开，水从阀中通过，洗衣机开始进水。滚筒式洗衣机采用上排水方式，没有排水阀门机构，采用排水泵排水。排水泵由单相罩极式电动机驱动，排水泵扬程为1.5m左右，排水量为25L/min。

5. 电气系统

滚筒式全自动洗衣机的电气部分由程序控制器、水位开关、加热器、温度控制器和门开关等基本电器部件组成。

滚筒式洗衣机一般采用电动式程序控制器或计算机式程序控制器，其中又以电动式的程控器较多，程序控制器的外形如图3-29所示。

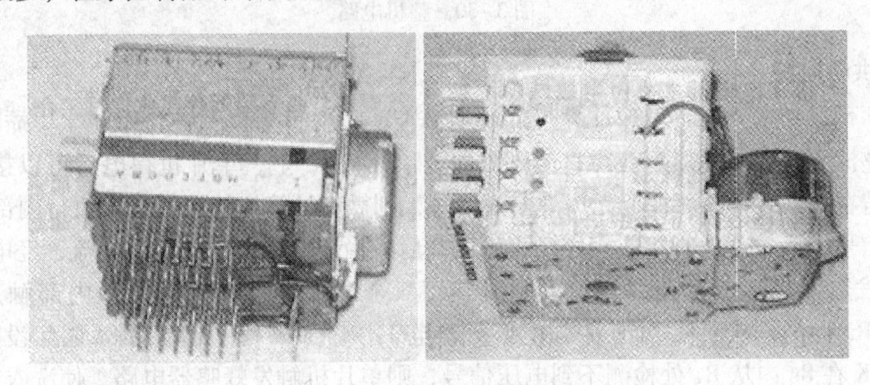

图3-29　程序控制器实物图

水位开关又称水位压力开关，用于控制洗衣机的水位，能够控制两种水位，一种是标准洗涤水位，另一种是节水洗涤水位。

加热器是用来加热洗涤衣物的洗涤水的。加热器是一支水浸式管状加热器，是一种封闭式电热元件，外壁为不锈钢，内装一根电热丝。加热器功率一般为0.8~2.0kW。

温度控制器主要是控制洗涤液的温度，通常控制在40~60℃，常见的有机械式和电子式两种。

门开关是安装在洗衣机前门内侧的微动开关，它串接在电源电路中，起到保护操作者安全的作用。

3.3.3　滚筒式全自动洗衣机电路的控制原理

滚筒式全自动洗衣机的工作过程是由程序控制器来控制实现的，通常采用的时间控制和条件控制两种方式实现洗衣机工作过程的控制。

下面以常见的微型计算机程控滚筒式洗衣机为例介绍其电路控制原理。微型计算机滚筒全自动洗衣机的整机电路如图3-30所示，主要由微型计算机控制器（DNK）、双水位开关（L）、温度传感器（WD）、加热器（RR）、电动机（M）、进水阀（EV）、排水泵（PS）、温度控制器（TH）等组成。

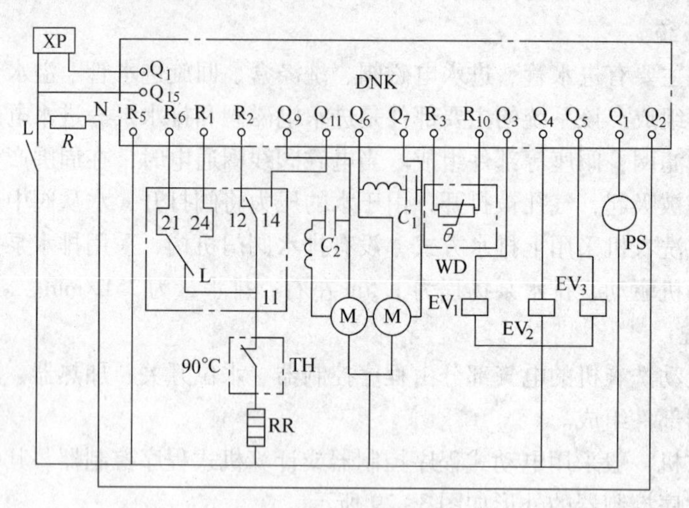

图3-30 整机电路

1. 供电电路

洗衣机接通电源后，微型计算机控制器从Q_{15}、Q_1两端得电，经内部变压器降压后，再经过整流、滤波、稳压后获得直流电压加至单片机IC上，单片机得电后可以接受指令工作。若在10s时间内面板上无按键输入信号，则微型计算机控制器自动执行内部设定程序；有信号输入，就执行相应程序。程序启动后，由DNK的Q_2端输出电流，经电动门锁内PTC发热元件形成回路，热敏电阻发热，双金属片变形使电动门锁内部触点闭合，DNK的R_5得电，从而使DNK中强电部分得电工作。如果程序启动后8s内门没有关好，造成DNK在8s内从R_5处检测不到电压信号，则单片机触发蜂鸣器电路，使洗衣机报警。

2. 供水电路

洗衣机的预洗、主洗和漂洗程序选定后，微型计算机控制器首先检测用户是否需选择了节能功能，则DNK检测其Q_{11}端，看与其连接的水位开关触点11和14是否接通，接通表明水位达到，则不给DNK的Q_3（Q_4、Q_5）端供电，切断进水电磁阀的电源，停止进水。未接通表明水位未达到，则DNK的Q_3（Q_4、Q_5）输出电压信号，启动进水电磁阀进水。在进水过程中，DNK不断检测，待测到触点11和14接通的信息后再切断进水电磁阀的电源，停止进水。如果未选择节能功能，则DNK不断检测R_6和R_1端，看与其相连的水位开关21和24是否接通：如果未接通表明水位未达到，DNK的Q_3（Q_4、Q_5）输出电压信号，接通电磁阀进水；如接通表明水位已达到，则切断进水阀电源，停止注水。DNK具体触发Q_3、Q_4、Q_5中的哪一端，要由程序编排而定。当洗衣机执行预洗程序时Q_3端得电，接通进水阀EV_1，向洗衣粉盒A格进水，其中的洗衣粉冲入洗衣机内；当洗衣机执行在主洗程序时Q_4端得电，接通进水阀EV_2，向洗衣粉盒B格进水，将放在B格内的洗衣粉冲入洗衣机内，将放进D格内的香料冲入洗衣机内；当洗衣机执行漂洗程序时，Q_5端得电，接通进水阀EV_3，将放在C格的柔软剂冲入洗衣机内。

3. 加热电路

当选择加热功能时，在相应的加热程序段中 DNK 不断检测 R_3 和 R_{10} 端外接的温度传感器 WD，WD 实际是一个热敏电阻。当洗涤液温度低于设定值时，DNK 给 Q_{11} 输出电压，接通加热回路，给洗涤液加热，直至检测出洗涤液温度达到设定温度值，才切断 Q_{11} 端的供电。加热回路中串有 90℃的温度控制器 TH，当洗涤液温度达到 90℃时，其触点断开，切断加热回路，使水温保持在 90℃以下。

4. 洗涤回路

由 DNK 控制交替接通、断开 Q_6、Q_8 端，从而控制电容器 C_1 接入洗衣机电动机绕组的位置，使电动机正反转。

5. 排水电路

当洗衣机执行排水程序时，DNK 给 Q_7 端供电，接通排水电路，洗衣机排水。

6. 脱水电路

当洗衣机执行脱水程序时，一方面检测 R_2 端，看低水位是否复位，待低水位复位后 DNK 根据 R_2 端检测到的信号，给 Q_9 端供电，接通电动机进行脱水。

思考题

1. 全自动洗衣机有哪些类型？
2. 滚筒式洗衣机有哪些部分组成？
3. 程序控制器有哪些类型？

3.4　自动生产线

教学目标：

1. 了解并掌握自动生产线的概念及组成。
2. 掌握自动生产线的类型。
3. 了解自动生产线的发展趋势。

3.4.1　自动生产线的组成

自动生产线是在流水生产线的基础上发展起来的，它能进一步提高生产率和改善劳动条件，因此在轻工业生产中发展很快。人们把按轻工工艺路线排列的若干自动机械，用自动输送装置连成一个整体，并用控制系统按要求控制的、具有自动操纵产品的输送、加工、检测等综合能力的生产线称作自动生产线，简称自动线或生产线。

自动生产线主要由基本设备、运输储存装置和控制系统三大部分组成，如图 3-31 所示，其中运输储存装置和自动控制系统，乃是区别流水线和自动生产线的重要标志。

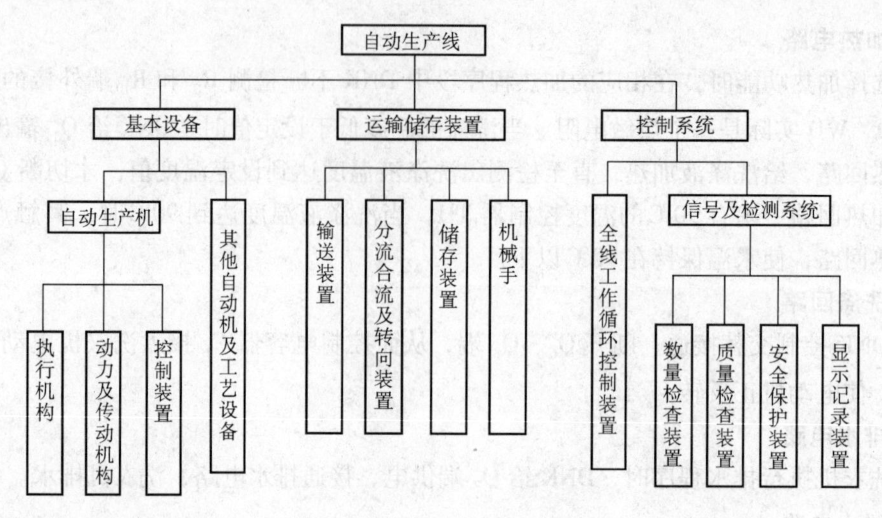

图 3-31　自动生产线的组成

1. 基本设备

它主要指自动生产机、其他自动机及工艺设备。其中，自动生产机是最基本的工艺设备，由三部分组成：①执行机构，它是实现自动化操作与辅助操作的系统。②动力及传动机构，它给自动生产机提供动力来源，并能将动力和运动传递给各个执行机构或辅助机构。③控制装置，它的功能是控制自动生产机的各个部分，将运动分配给各执行机构，使它们按时间、顺序协调动作，由此实现自动生产机的工艺职能，完成自动化生产。

2. 运输储存装置

它是自动生产线上的必要辅助装置，主要包括输送装置、分流合流及转向装置、储存装置和机械手四大部分。

3. 控制系统

它由两部分组成：①全线工作循环控制装置，它根据确定的工作循环来控制自动生产机及运输储存装置工作。②信号及检测系统，它由数量检查、质量检查、安全保护及显示记录四个装置组成，实现信号采集、检测及其他辅助控制功能。

通常，在自动生产线的终端，由人驾驶运输工具（如铲车）将生产成品运往仓库或集装箱运输车上，个别的也有通过设置移动式堆码机来完成最后这一道工序。

3.4.2　自动生产线的类型

根据自动生产线的组成方式，可以将其分为以下三类：

1. 刚性自动线（或称同步自动线）

如图 3-32a 所示，这种自动线中各自动机用运输系统和检测系统等联系起来，以一定的生产节拍进行工作。这种自动线的缺点是，当某一台自动机或个别机构发生故障时，将会引起整条线停止工作。

2. 柔性自动线（或称非同步自动线）

如图 3-32b 所示，这种自动线中各自动机之间增设了储料器。当后一工序的自动机出现故障停机时，前一道工序的自动机可照样工作，半成品送到储料器中储存；如前一道工序的自动机因故障停机，则由储料器供给所需半成品，使后面的自动机能继续工作下去。可见，柔性自动线比刚性自动线有较高的生产率。但是，储料器的增加，不但使投资加大，多占用场地，同时也增加了储料器本身出现故障的机会，因此，应全面考虑各方面因素，合理选用和设置自动线种类。

3. 组合自动线

如图 3 - 32c 所示，这种自动线中一部分自动机利用刚性（同步）连接，即把不容易出故障的相邻自动机按刚性连接，另一部分则采用柔性（非同步）连接。

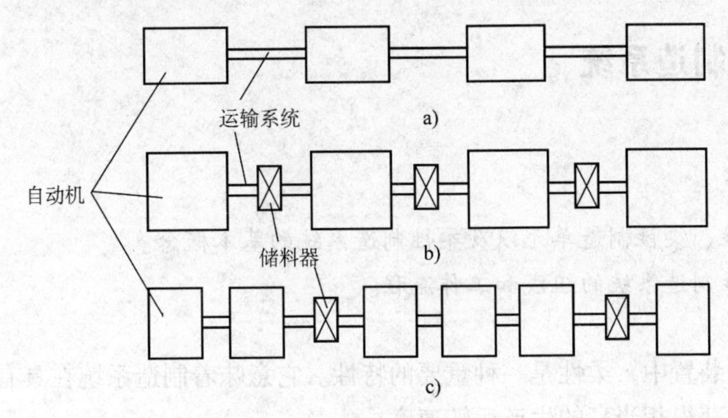

图 3 - 32　自动生产线的类型

a）刚性自动线　b）柔性自动线　c）组合自动线

3.4.3　自动生产线的发展趋势

目前，国内外自动生产线的主要发展趋势呈现出了以下特点。

1. 高速化

提高自动线速度是提高劳动生产率的主要途径。据报道，在国外，糖果包装机达 1200 粒/min，卷烟机达到 4000 支/min，工业缝纫机达 7500r/min，而我国现有水平分别为 500 粒/min，1000 支/min，3000r/min。由此可见，高速化是提高单机生产率的主要途径之一。

2. 综合自动化

生产过程自动化是现代生产的重要标志。在自动化机械中，采用机、电、液、气相结合的综合自动化，可使自动化轻工机械的结构进一步简化。另外，采用电子自控技术，使其不仅能自动的完成加工工艺操作和辅助操作，而且能自动监测、自动判断记忆、自动发现和排除故障、自动分选和剔除废品，可大大提高自动机械的自动化程度。

3. 采用生产自动线

用传送装置和控制装置把几台单机有机地连接在一起，组成生产自动线，也是当前发展的一个重要趋势。这可以进一步提高劳动生产率，降低成本，改善劳动条件。

4. 利用机器人技术，采用自动化生产线成套装备

目前，国外汽车行业、电子和电器行业、物流与仓储行业等已大量应用机器人技术来提高产品质量和生产效率。机器人设备的广泛使用，大大推动了这些行业的快速发展，提升了制造技术的先进性，而机器人自动化生产线成套装备也已成为自动化成套装备的主流以及未来自动化生产线的发展方向。

思考题

1. 什么是自动生产线？
2. 自动生产线由哪几部分组成？各部分的作用是什么？
3. 自动生产线有哪几种类型？各自的优缺点是什么？

*3.5　柔性制造系统

教学目标：

1. 掌握柔性、柔性制造单元以及柔性制造系统的基本概念。
2. 了解柔性制造系统的组成和工作流程。

在现代制造装置中，柔性是一种重要的特性。它意味着制造系统在具有多用途和适应性强的同时，能获得相当高的生产运转速度。

在20世纪70年代末、80年代初出现了柔性制造系统（Flexible Manufacturing System，FMS），这是一个由计算机控制的自动化制造系统，在它上面可同时加工形状相近的一组或一类产品。柔性制造系统是一种广义上的可编程控制系统，它具有处理高层次分布数据的能力，具有自动的物流，从而实现小批量、多品种、高效率的制造，以适应不同产品周期的动态变化。

3.5.1　柔性

所谓柔性，是指一个制造系统适应各种生产条件变化的能力，它可以表述为两个方面：第一方面是系统适应外部环境变化的能力，可用系统满足新产品要求的程度来衡量；第二方面是系统适应内部变化的能力，可用在有干扰（如机器出现故障）情况下，这时系统的生产率与无干扰情况下的生产率期望值之比可以用来衡量柔性。

柔性主要包括：

1）机器柔性。当要求生产一系列不同类型的产品时，机器随产品变化而加工不同零件的难易程度。

2）工艺柔性。它又包含两层含义：①工艺流程不变时自身适应产品或原材料变化的能力；②制造系统内为适应产品或原材料变化而改变相应工艺的难易程度。

3）产品柔性。产品更新或完全转向后，系统能够非常经济和迅速地生产出新产品的能力，以及产品更新后，对老产品有用特性的继承能力和兼容能力。

4）维护柔性。采用多种方式查询、处理故障，保障生产正常进行的能力。

5）生产能力柔性。当生产量改变，系统也能经济地运行的能力。对于根据订货而组织生产的制造系统，这一点尤为重要。

6）扩展柔性。当生产需要的时候，可以很容易地扩展系统结构，增加模块，构成一个更大系统的能力。

7）运行柔性。利用不同的机器、材料、工艺流程来生产一系列产品的能力和同样的产品，换用不同工序加工的能力。

“柔性”是相对于“刚性”而言的，传统的刚性自动化生产线主要实现单一品种的大批量生产。其优点是生产率高和设备利用率很高，单件产品的成本很低，缺点是价格昂贵，而且只能加工一个或几个相类似的零件。如果想要获得其他品种的产品，则必须对其结构进行大调整，重新配置系统内各要素，其工作量和经费投入与构造一个新的生产线往往不相上下。因此，刚性的大批量制造自动化生产线只适合生产少数几个品种的产品，难以应付多品种中小批量的生产。

随着社会的进步和生活水平的提高，市场更加需要具有特色、符合顾客个人要求样式和功能千差万别的产品。激烈的市场竞争迫使传统的大规模生产方式发生改变，批量生产正逐渐被适应市场动态变化的生产所替换，传统的制造系统已不能满足市场对多品种小批量产品的需求。一个制造自动化系统的生存能力和竞争能力在很大程度上取决于它是否能在很短的开发周期内，生产出较低成本、较高质量的不同品种的产品，因此柔性已占有相当重要的位置。

3.5.2　柔性制造单元

柔性制造单元（Flexible Manufacturing Cell，FMC）是在制造单元的基础上发展起来的，由一台或数台数控机床或加工中心构成的加工单元。FMC 具有独立自动加工的功能，又部分具有自动传送和监控管理功能，可实现某些种类的多品种小批量的加工。有些 FMC 还可实现 24h 无人运转。FMC 可以作为柔性制造系统 FMS 中的基本单元，若干个 FMC 可以发展组成一个 FMS。

FMC 有两大类，一类是数控机床配上机器人，另一类是加工中心配上托盘交换系统。

1. 配有机器人的 FMC

加工中心上的工件，由机器人来装卸，加工完毕的工件码放在工件架上。监控器协调加工中心和机器人的动作。

2. 配有托盘交换系统构成的 FMC

由加工中心和托盘交换系统构成的 FMC，托盘上装夹有工件，当工件加工完毕后，托盘转位，加工另一新工件。托盘支承在圆柱环形导轨上，由内侧的环链拖动而回转，链轮由电动机驱动。托盘的选定和停位，由可编程序控制器来实现。一般的 FMC，托盘数在五个以上。如果在托盘的另一端设置一个托盘工作站，则这种托盘系统可通过工作站与其他 FMC 发生联系。

3.5.3　柔性制造系统

一般情况下，FMS 由机床、控制系统、物料运送系统和操作人员四部分组成，平面布置如图 3-33 所示。

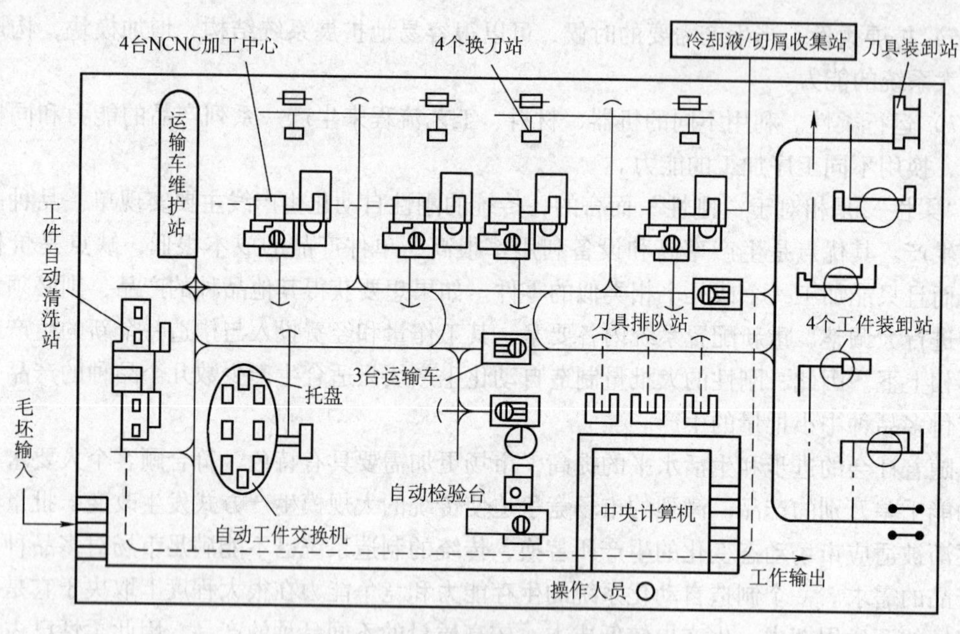

图 3-33 柔性制造系统平面布置图

1. 机床

由一组自动加工设备（如 CNC 加工中心等）以不同的顺序自动完成各种表面的加工，通常配置 2~20 台甚至更多的机床。

2. 控制系统

能为 FMS 提供许多不同的控制功能，如零件加工程序的存储和分配，物料输送和存储，工作流向的检测、控制和自动诊断，生产过程的控制，系统/刀具的控制与检测等。

3. 物料运送系统

通过它将一组单独的 CNC 机床组成一条综合的 FMS。它必须能够自动地在一个工位上卸下工件 A，再装上工件 B，并把卸下的工件 A 送到下一个工位。该系统包括环形传送带、直线传送带、工业机器人以及自动拖车等。

4. 操作人员

在 FMS 中，人和计算机均起着重要作用，尽管操作人员只承担劳动强度很低的任务，但这个任务却是决定性的。单台机床（如 CNC）由计算机控制；整个系统由中央控制器实现直接控制（如 DNC）；自动材料输送和其他功能如数据采集、系统检测、工具控制等都由计算机控制。因此，人－机对话是 FMS 获得柔性程度的关键。

图 3-34 是一个典型的柔性制造系统的示意图。它表示了 FMS 中生产原料及工具的传递、变换和加工的集成过程。其工作流程为：首先在装卸站将毛坯安装在早已固定在托盘上的夹具中；然后物料传递系统把毛坯连同夹具（随行夹具）和托盘输送到进行第一道加工工序的加工中心旁边排队等候，一旦加工中心空闲，毛坯就立即被送至加工中心进行加工。每道工序加工完毕以后，物料传送系统还要将该加工中心完成的半成品取出并送至执行下一工序的加工中心旁边排队等候，如此不停地进行至最后一道加工工序。在完成整个加工过程中除进行加工工序外，若有必要还要进行清洗、检验以及组装工序。

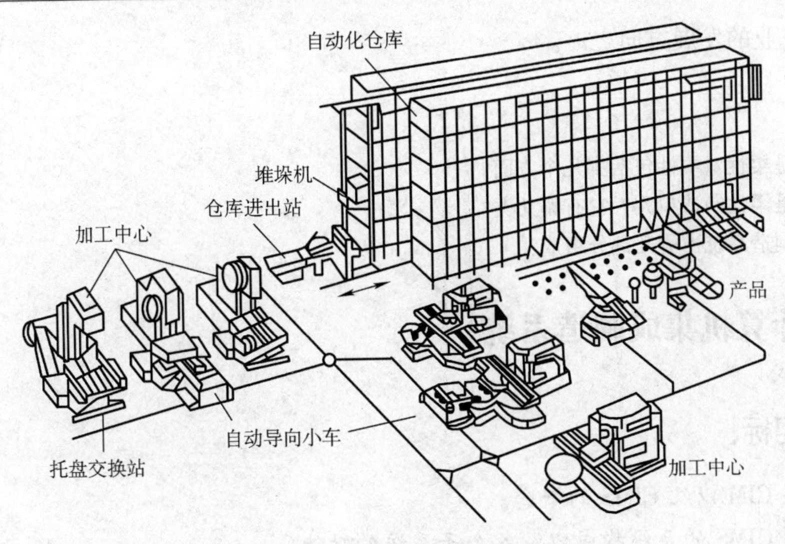

图3-34　典型的柔性制造系统

3.5.4　柔性制造系统的优点

尽管FMS只具有中等生产能力，但它通过将机床、运送装置和控制系统有机地结合起来，在获得最大的机床利用率和提高生产率的同时又能保持所需的柔性，从而解决了多品种、中小批量生产时生产率与柔性之间的矛盾，有利于发展新品种和扩大变型产品的生产。

FMS的优点表现为：

1）具有良好的柔性。对零件组具有良好的柔性，能迅速重新组合，以生产属于同组的各种各样的零件。通过预编程序对同一零件组的不同零件，能实现在该系统不同位置上的同时加工。

2）主要设备利用率高、投资减小。通过调整和编程，零件可随机插入到FMS中刚好有空的相应机床上，加之能够实现同一零件组不同种类零件的同时生产，从而减少了零件在各工序间的等候时间及更换零件所需的调整时间，缩短了生产周期，提高了生产的持续性和主要设备的利用率。

3）产品质量高。在FMS中采用实时在线检测，能及时发现机床、刀具及加工过程中的质量问题，采用相应的解决措施。FMS本身所具有的高自动化水平、工件装夹次数和经过的机床台数少、夹具优质等因素，使产品具有极好的一致性，保证和提高了产品质量。

4）降低加工费用。与传统的制造系统相比，FMS采用了自动运送物料系统、计算机自动控制以及程序离线调整和工具预置、自动换刀等手段，大大降低了直接和间接的劳动成本。

近年来FMS发展很快，主要分布在工业发达国家，用户多为汽车、拖拉机和机床制造厂，航空企业等。其明显的经济效益是：减少操作人员50%，降低成本60%，机床利用率可达60%～80%。FMS将制造技术、机器人技术、测试技术和计算机技术的综合；

是机械制造业的发展方向之一。

思考题

1. 什么是柔性？柔性包括哪几个方面？
2. 什么是柔性制造单元？它有哪几类？
3. 柔性制造系统由哪几部分组成？

*3.6 计算机集成制造系统

教学目标：

1. 掌握 CIM 以及 CIMS 的概念。
2. 掌握 CIMS 的系统构成以及各个子系统的功能。
3. 了解工业锅炉计算机控制系统。
4. 了解现代集成制造技术的发展趋势。

计算机集成制造系统（Computer Integrated Manufacturing System，CIMS）是随着计算机辅助设计与制造的发展而产生的。它是在信息技术自动化技术与制造的基础上，通过计算机技术把分散在产品设计制造过程中各种孤立的自动化子系统有机地集成起来，形成适用于多品种、小批量生产，实现整体效益的集成化和智能化制造系统。集成化反映了自动化的广度，它把系统的范围扩展到了市场预测、产品设计、加工制造、检验、销售及售后服务等的全过程。智能化则体现了自动化的深度，它不仅涉及物资流控制的传统体力劳动自动化，还包括信息流控制的脑力劳动的自动化。

因此，CIMS 的实质就是借助于计算机的硬件、软件技术，综合运用现代管理技术、制造技术、信息技术、自动化技术、系统工程技术，将企业生产全部过程中有关的人/机构、技术、经营管理三要素（见图3-35）及其信息流、物流有机地集成并优化运行，以改进企业产品（P）开发的 T（时间）、C（成本）、S（服务）、E（环境），从而提高企业的市场应变能力和竞争能力。

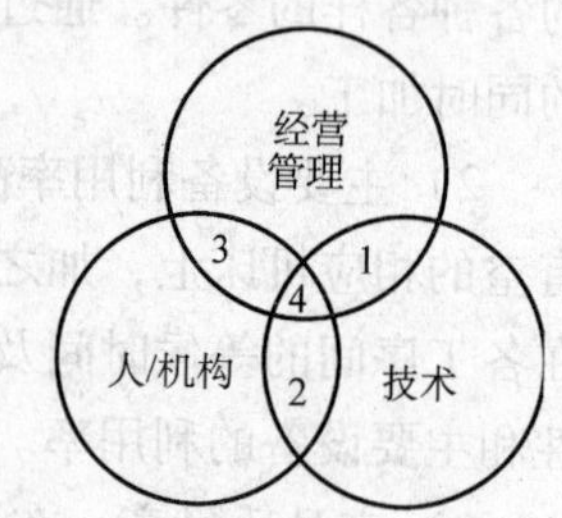

图3-35 CIMS 的三要素

3.6.1 计算机集成制造（CIM）的概念

CIM 概念最早由美国的约瑟夫·哈林顿（Joseph Harrington）博士在《Computer Integrated Manufacturing》一书中首先提出。哈林顿提出的 CIM 概念包含两个基本观点：

1）企业生产的各个环节，诸如市场分析、产品设计、加工制造、装配维修、企业管理、仓库管理、经营管理到售后服务等全部生产活动是一个不可分割的整体，为达到企业的经营目标应统一考虑。

2）整个生产过程实质是一个数据的采集、传递和加工处理的过程。最终形成的产品可以看作是数据的物理表现。

从 1986 年开始，我国科技工作者经过了近 20 多年的实践，“863”计划 CIMS 主题专家组在总结经验的基础上，对 CIM 提出了如下定义：“CIM 是一种组织、管理与企业运行的新哲理。它借助于计算机软件、硬件、网络、数据库，集成各部门产生的信息，综合运用现代管理技术、制造技术、信息技术、自动化技术、系统工程技术，将企业生产过程中有关人、技术、经营管理三要素及其信息流、物料流有机地集成并优化运行，实现企业整体优化，以达到产品高质、低耗、上市快的目的，从而使企业赢得市场竞争的主动权。”

3.6.2　计算机集成制造系统（CIMS）的系统构成

一般 CIMS 包括 6 个子系统，其中 4 个为功能分系统，2 个为支撑分系统。图 3-36 所示为 CIMS 的组成框图。

1）经营管理信息子系统（MIS）：具有生产计划与控制、经营管理、销售管理、采购管理、财会管理等功能，处理生产任务方面的信息。

2）工程设计自动化子系统（CAD/CAM）：由计算机辅助设计、计算机辅助制造和数控程序编制等功能组成，用以支持产品的设计和工艺准备，处理有关产品结构方面的信息。

3）制造自动化子系统：也可称为计算机辅助制造子系统，它包括各种不同自动化程度的制造设备和子系统，用来实现信息流对物流的控制和完成物流的转换，它是信息流和物流的接合部，用来支持企业的制造功能。

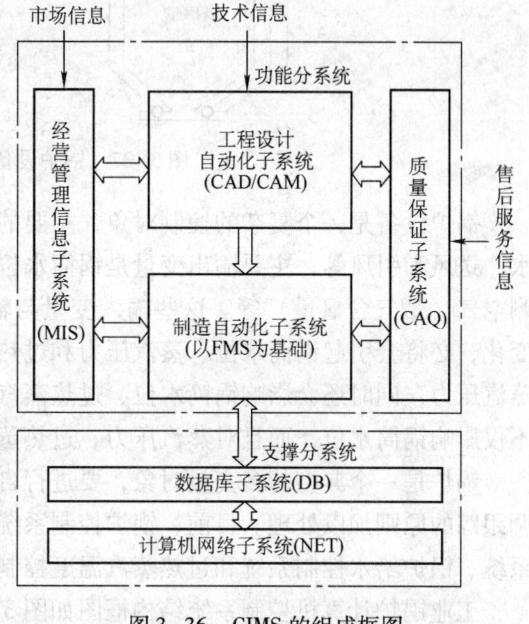

图 3-36　CIMS 的组成框图

4）质量保证子系统（CAQ）：具有制订质量管理计划、实施质量管理、处理质量方面信息、支持质量保证等功能。

5）数据库子系统（DB）：用以管理整个 CIMS 的数据，实现数据的集成与共享。

6）计算机网络子系统（NET）：用以传递 CIMS 各子系统之间和子系统内部的信息，实现 CIMS 的数据传递和系统通信功能。

3.6.3　计算机集成制造系统的控制系统实例——工业锅炉计算机控制系统

常见的锅炉设备的主要工艺流程如图 3-37 所示。

燃料和热空气按一定比例送入燃烧室燃烧，生成的热量传递给蒸汽发生系统，产生饱和蒸汽 D_s。然后经过热器，形成一定温度的过热蒸汽 D，汇集至蒸汽母管。压力为 P_N 的过热蒸汽，经负荷设备控制供给负荷设备用。与此同时，燃烧过程中产生的烟气，除将饱和蒸汽变为过热蒸汽外，还经省煤器预热锅炉给水和空气预热器预热空气，最后经引风机送往烟囱，排入大气。

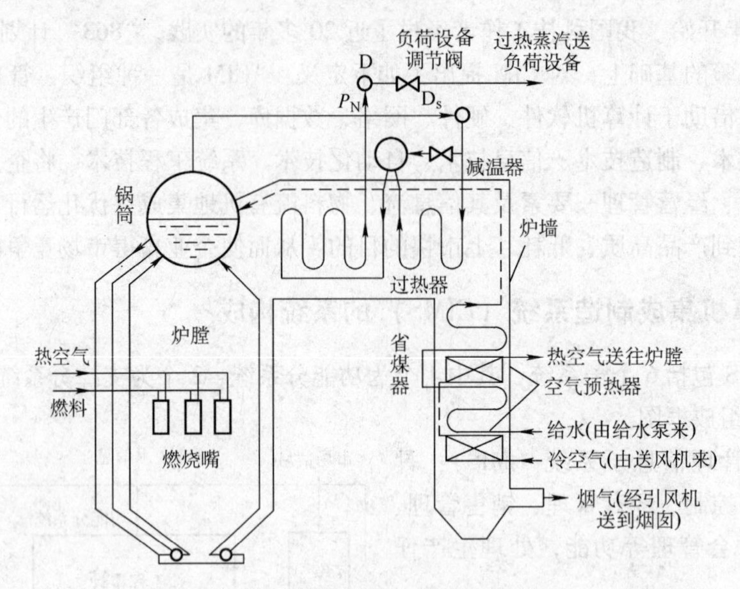

图 3-37　锅炉设备主要工艺流程图

锅炉设备是一个复杂的控制对象，主要的输入变量是负荷、锅炉给水、燃料量、减温水、送风和引风等；主要输出变量是锅筒水位、蒸汽压力、过热蒸汽温度、炉膛负压、过剩空气（烟气含氧量）等。这些输入变量与输出变量之间相互关联。如果蒸汽负压发生变化，必将会引起锅筒水位、蒸汽压力和过热蒸汽温度等的变化；燃料量的变化不仅影响蒸汽压力，同时还会影响锅筒水位、过热蒸汽温度、过剩空气和炉膛负压；给水量的变化不仅影响锅筒水位，而且对蒸汽压力、过热蒸汽温度等也有影响；等等。

锅炉是一个典型的多变量对象，要进行自动控制，对多变量对象可按自治的原则和协调跟踪的原则加以处理。目前，锅炉控制系统大致可划分为三个控制系统：锅炉燃烧控制系统、锅炉给水控制系统和过热蒸汽温度控制系统。

工业锅炉计算机控制系统结构框图如图 3-38 所示。

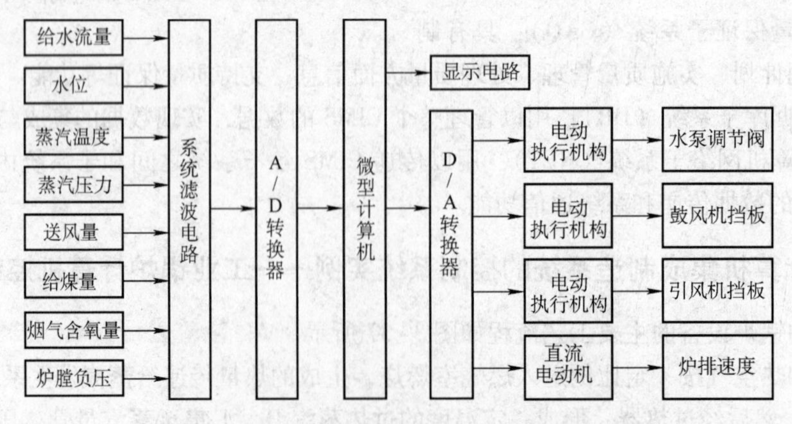

图 3-38　工业锅炉计算机控制系统框图

仪表测得的模拟信号经各路采样电路、系统滤波电路进入 A/D 转换电路，A/D 转换电路将转换完的数字信号送入计算机，计算机对数据进行处理之后，便于控制和显示。D/A 转换电路将计算机输出的数字量转换成模拟量，并放大到 0 ~ 10mA，分别控制水泵调节阀、鼓风机挡板、引风机挡板和炉排直流电动机。

3.6.4 现代集成制造技术的发展趋势

当前，现代集成制造技术朝着以下方向发展：

1）集成化。从当前的企业内部的信息集成和功能集成，发展到过程集成（以并行工程为代表）、并正在步入实现企业间集成的阶段（以敏捷制造为代表）。

2）数字化/虚拟化。从产品的数字化设计开始，发展到产品全生命周期中各类活动、设备及实体的数字化。在数字化基础上，虚拟化技术正在迅速发展，主要包括虚拟现实（VR）应用、虚拟产品开发（VPD）和虚拟制造（VM）。

3）网络化。从基于局域网发展到基于 intranet/internet/extranet 的分布网络制造，以支持全球制造策略的实现。

4）柔性化。正积极研究发展企业间动态联盟技术，敏捷设计生产技术，柔性可重组机器技术等，以实现敏捷制造。

5）智能化。智能化是制造系统在柔性化和集成化基础上进一步的发展与延伸，引入各类人工智能和智能控制技术，实现具有自律、分布、智能、仿生、敏捷、分形等特点的新一代制造系统。

6）绿色化。包括绿色制造、环境意识的设计与制造、生态工厂、清洁化生产等；它是全球可持续发展战略在制造业中的体现，它是摆在现代制造业面前的一个崭新课题。

思考题

1. 什么是 CIM？什么是 CIMS？
2. 计算机集成制造系统包括几个子系统？各个子系统的功能是什么？

本章小结

3.1　工业机器人及其应用

1. 工业机器人的定义和发展过程

（1）定义　国际标准化组织（ISO）对工业机器人的定义为：“一种可重复编程的多功能操作手，用以搬运材料、零件、工具或者是一种为了完成不同操作任务，可以有多种程序流程的专门系统。”

国家标准 GB/T 12643—1997 对工业机器人的定义为：“一种能自动定位控制、可重复编程的、多功能的、多自由度的操作机。能搬运材料、零件或操作工具，用以完成各种作业。”而将操作机定义为：“具有和人手臂相似的动作功能，可在空间抓放物体或进行其他操作的机械装置。”

（2）工业机器人的三个重要特性

1）它是一种机械装置，可以搬运材料、零件、工具或者完成多种操作和动作功能，也即具有通用性。

2）它是可以再编程的，具有多种多样程序流程的，这为人-机联系提供了可能，也使之具有独立的柔软性。

3）它有一个自动控制系统，可以在无人参与下，自动地完成操作作业和动作功能。

（3）工业机器人的发展阶段

1）第一代工业机器人；

2）第二代工业机器人；

3）第三代工业机器人。

2. 工业机器人的结构和分类

（1）结构　一般由操作机、驱动系统、控制系统及人工智能系统等部分组成。

（2）分类

1）按操作机坐标形式分类：①直角坐标型工业机器人，②圆柱坐标型工业机器人，③球坐标型工业机器人，④多关节型工业机器人，⑤平面关节型机器人。

2）按控制方式分类：①点位控制（PTP）工业机器人，②连续轨迹控制（CP）工业机器人。

3）按驱动方式分类：①气动式工业机器人，②液压式工业机器人，③电动式工业机器人。

3. 工业机器人控制系统的特点和基本要求

（1）工业机器人控制系统特点

1）工业机器人有若干个关节，多个关节的运动要求各个伺服系统协同工作。

2）工业机器人的工作任务是要求操作机的手部进行空间点位运动或连续轨迹运动，对工业机器人的运动控制，需要进行复杂的坐标变换运算，以及矩阵函数的逆运算。

3）工业机器人的控制中经常使用前馈、补偿、解耦和自适应等复杂控制技术。

4）较高级的工业机器人要求对环境条件、控制指令进行测定和分析，采用计算机建立庞大的数据库，用人工智能的方法进行控制、决策、管理和操作，按照给定的要求，自动选择最佳控制规律。

（2）对工业机器人控制系统的基本要求

1）实现对工业机器人的位姿、速度、加速度等的控制功能，对于连续轨迹运动的工业机器人还必须具有轨迹的规划与控制功能。

2）方便的人-机交互功能，操作人员采用直接指令代码对工业机器人进行作业指示。使工业机器人具有作业知识的记忆、修正和工作程序的跳转功能。

3）具有对外部环境（包括作业条件）的检测和感觉功能。

4）具有诊断、故障监视等功能。

4. 工业机器人的应用

工业机器人的应用很广泛，主要是因为具有如下的特点：

1）工业机器人从事单调重复的劳动。

2）工业机器人从事危险作业。

3）工业机器人具有很强的通用性。

4）工业机器人具有独特的柔软性。

5）工业机器人具有高度的动作准确性。

6）采用工业机器人可以明显提高生产率和大幅度降低产品成本。

3.2　数控机床

1. 数控技术

数字控制（Numerical Control）技术，简称为数控（NC）技术，是一种自动控制技术，它用数字指令来控制机床的运动。采用数控技术的自动控制系统称为数控系统。

2. 数控机床的组成与工作原理

数控机床一般由信息载体、数控系统和机床本体组成。

数控机床的工作原理：首先，根据零件加工图样的要求确定零件加工的工艺过程、工艺参数和刀具位移数据，再按编程手册的有关规定编写零件加工程序。其次，把零件加工程序输入到数控系统。数控装置的系统程序将对加工程序进行译码与运算，发出相应的命令，通过伺服系统驱动机床的各运动部件，并控制所需要的辅助动作，最后加工出合格的零件。

3. 数控机床的特点

数控机床的优点：高柔性、高精度、高效率、自动化程度高、能加工复杂型面、便于现代化管理。

数控机床的缺点：数控机床的价格较贵；调试和维修比较复杂，需要专门的技术人员；对编程人员和操作人员的技术水平要求较高。

4. 数控机床的分类

（1）按工艺用途分类　普通数控机床、加工中心机床、金属成形类数控机、多坐标数控机床、数控特种加工机床。

（2）按机床运动的控制轨迹分类　点位控制数控机床、直线控制数控机床、轮廓控制数控机床。

（3）按伺服系统的控制方式分类　开环控制系统的数控机床、闭环控制系统的数控机床、半闭环控制系统的数控机床。

（4）按数控系统功能水平分类　经济型数控机床、普及型数控机床、高档型数控机床。

5. 数控机床的发展趋势

数控系统正朝着高精度、高速度、高可靠性、智能化、具有更高的通信功能及开放性等方向发展。

3.3　家用电器（全自动洗衣机）

全自动洗衣机是能将洗涤、漂洗、脱水各功能间的转换全部不用手工操作，各工序都可以用程序控制器自动控制的洗衣机，有波轮式和滚筒式两种类型。其中全自动滚筒式洗衣机由洗涤脱水系统、传动系统、操作系统、支承系统、给排水系统和电气系统组成。

3.4　自动生产线

（1）自动生产线　把按轻工工艺路线排列的若干自动机械，用自动输送装置连成一个整体，并用控制系统按要求控制的、具有自动操纵产品的输送、加工、检测等综合能力的生产线称作自动生产线，简称自动线或生产线。

(2) 自动生产线的组成 基本设备、运输储存装置和控制系统三大部分。

(3) 自动生产线的分类 刚性自动线（或称同步自动线）、柔性自动线（或称非同步自动线）、组合自动线。

(4) 自动生产线的发展趋势 高速化、综合自动化、采用生产自动线、利用机器人技术，采用自动化生产线成套装备。

*3.5 柔性制造系统

柔性制造系统是一种广义上的可编程控制系统，它具有处理高层次分布数据的能力，具有自动的物流，从而实现小批量、多品种、高效率的制造，以适应不同产品周期的动态变化。

柔性主要包括：机器柔性、工艺柔性、产品柔性、维护柔性、生产能力柔性、扩展柔性、运行柔性。

柔性制造单元（Flexible Manufacturing Cell，FMC）是在制造单元的基础上发展起来的，由一台或数台数控机床或加工中心构成的加工单元。一般情况下，FMS 由机床、控制系统、材料运送系统和操作人员四部分组成。

FMS 的优点表现为：①具有良好的柔性；②主要设备利用率高、投资减小；③产品质量高；④降低加工费用。

*3.6 计算机集成制造系统

CIMS（Computer Integrated Manufacturing System，计算机集成制造系统）是随着计算机辅助设计与制造的发展而产生的。它是在信息技术自动化技术与制造的基础上，通过计算机技术把分散在产品设计制造过程中各种孤立的自动化子系统有机地集成起来，形成适用于多品种、小批量生产，实现整体效益的集成化和智能化制造系统。一般 CIMS 包括 6 个子系统，其中 4 个为功能分系统，2 个为支撑分系统。

现代集成制造技术的发展趋势：集成化、数字化/虚拟化、网络化、柔性化、智能化、绿色化。

自测试卷

一、填空（50%）

1. 一个较完善的工业机器人，一般由________、________、________及________等四个部分组成。

2. 工业机器人按驱动方式分，可分为________、________和________。

3. 数控机床一般由________、________和________三部分组成。

4. 数控机床的优点是________、________、________、________、________和________。

5. 数控机床按工艺用途可分为________、________、________、________和________五类机床。

6. 数控系统正朝着________、________、________、________、________和开放性等方向发展。

7. 全自动滚筒式洗衣机按衣物投入的方式，可分成________和________两种，其结构可分成________、________、________、________、________和电气系统。

8. 滚筒式全自动洗衣机的工作过程是由________来控制实现的，通常采用的________和________两种方式实现洗衣机工作过程的控制。

9. 自动生产线主要由________、________和________三大部分组成。

10. 根据自动生产线的组成方式，可以将其分为以下三类：________、________和________。

*11. 柔性主要包括________、________、________、________、生产能力柔性、扩展柔性和运行柔性。

*12. 柔性制造系统（FMS）由________、________、________和________四部分组成。

二、选择（10%）

1. 下面哪一个是工业机器人的核心部分（　　）。

A. 操作机　　B. 控制系统　　C. 驱动系统　　D. 人工智能系统

2. 下面哪一代机器人是智能机器人（　　）。

A. 第一代　　B. 第二代　　C. 第三代　　D. 第四代

3. 下面哪个是数控机床的核心（　　）。

A. 信息载体　　B. 可编程序控制器　　C. 数控系统　　D. 计算机数控装置

4. 下面哪种机床能同时对两个或两个以上的坐标轴进行连续相关的控制（　　）。

A. 轮廓控制数控机床　　B. 直线控制数控机床

C. 点位/直线控制数控机床　　D. 点位控制数控机床

*5. 一般 CIMS 包括多少个子系统（　　）。

A. 5 个　　B. 6 个　　C. 4 个　　D. 2 个

三、名词解释（8%）

1. 工业机器人（ISO）

2. 数控技术

*3. 柔性制造系统

*4. 计算机集成制造系统（CIMS）

四、简答（24%）

1. 简述工业机器人所具有的三个重要特征。

2. 工业机器人控制系统的基本要求有哪些？

3. 目前工业机器人在其应用领域中体现出了哪些特点？

4. 数控机床的工作原理是怎样的？

5. 数控机床按伺服系统的控制方式可分为哪三类？它们各有何特点？

6. 全自动洗衣机有哪些类型？

7. 国内外自动生产线的发展趋势有何特点？

*8. 柔性制造系统的优点有哪些？

五、论述题（8%）

按操作机坐标形式分类，工业机器人可分为哪几类，各有什么优缺点？

参考文献

[1] 李建勇. 机电一体化技术 [M]. 北京：科学出版社，2004.
[2] 赵再军. 机电一体化概论 [M]. 杭州：浙江大学出版社，2004.
[3] 武藤一夫. 机电一体化 [M]. 王益全，等译. 北京：科学出版社，2007.
[4] 三浦宏文. 机电一体化实用手册 [M]. 赵文珍，译. 北京：科学出版社，2001.
[5] 梁景凯. 机电一体化技术与系统 [M]. 北京：机械工业出版社，1999.
[6] 万遇良. 机电一体化技术概览 [M]. 北京：北京工业大学出版社，1999.
[7] 余洵. 机电一体化概论 [M]. 北京：高等教育出版社，2000.
[8] 严筱筠. 机电一体化导论 [M]. 北京：职工教育出版社，1988.
[9] 陈恳，等. 机器人技术与应用 [M]. 北京：清华大学出版社，2006.
[10] 罗阳. 现代制造系统概论 [M]. 北京：北京邮电大学出版社，2004.
[11] 丁加军. 自动机与自动线 [M]. 北京：机械工业出版社，2005.
[12] 徐夏民. 数控原理与数控系统 [M]. 北京：北京理工大学出版社，2006.
[13] 胡海清. 气压与液压传动控制技术基本常识 [M]. 北京：高等教育出版社，2005.